现代农民工心理健康与心理调适

Xiandai Nongmingong Xinli Jiankang Yu Xinli Tiaoshi

· 一本为农民工朋友们量身定做的心理健康书
· 一堂为外出务工者精心打造的心灵抚慰课

王于庆 高文斐◎编著

幸福从心开始，成功从健康启航。
健康先行，成功有约，幸福邂逅。

中国言实出版社

图书在版编目(CIP)数据

现代农民工心理健康与心理调适/王于庆，高文斐编著. — 北京:中国言实出版社，2013.8

ISBN 978-7-5171-0176-5

Ⅰ. ①现… Ⅱ. ①王…②高… Ⅲ. ①民工—心理健康—健康教育—研究—中国 Ⅳ. ①B844.3

中国版本图书馆 CIP 数据核字(2013)第 178855 号

责任编辑:李　生　孙法平

出版发行　中国言实出版社

地　址:北京市朝阳区北苑路 180 号加利大厦 5 号楼 105 室

邮　编:100101

电　话:64966717(发行部)　51147960(邮　购)

64924853(总编室)　64963106(二编部)

网　址:www.zgyscbs.cn

E-mail:zgyscbs@263.net

经　销　新华书店

印　刷　北京市德美印刷厂

版　次　2013 年 9 月第 1 版　2013 年 9 月第 1 次印刷

规　格　710 毫米×1000 毫米　1/16　13.25 印张

字　数　177 千字

定　价　30.00 元　ISBN 978-7-5171-0176-5

前言

什么是心理健康？从广义上讲，心理健康是指一种高效而满意的、持续的心理状态。从狭义上讲，心理健康是指人的基本心理活动的过程内容完整、协调一致，即认识、情感、意志、行为、人格完整而协调，能适应社会，与社会保持同步。而心理调适是使用心理科学的方法对认知、情绪、意志、意向等心理活动进行调整，以保持或恢复正常状态的实践活动。

可见心理健康问题其实是相当普遍的问题，严格地说，每一个人或多或少都会有一些心理健康问题，情绪化、易愤怒、爱攀比、好妒忌、自卑、压抑、悲观、冷漠、狂傲、自恋等等，都是心理健康问题。而这些心理，大多数人都会有，只不过是程度的深浅决定是否符合心理健康的标准而已。

心理健康与否对于一个在社会中生存的人的影响是巨大的。一个心理健康、心态积极的人，更容易融入社会，融入人群，平和而理智地对待生活和工作，更有进取心，对未来更有希望，也更愿意付出努力，更愿意奋斗，因而，他也更容易得到大家的认同、支持、理解和接纳，更容易获得事业上的成功、生活中的幸福。所以，保持良好的心态，并学会心理调适，使自己一直处于一个健康的心理状态之中，对于我们每一个人的生活、工作、前途、未来、快乐和幸福，都相当重要。

对于远离家乡、进城务工的农民工而言，心理健康就更为重要。因为他们肩头承担着更大的责任，顶着比别人更大的经济压力，背负着难以言表的思乡之情，承受着与城市生活格格不入的孤独感，忍耐着远离爱人、孩子的煎熬……一不小心，就会在心理上出现失衡，发生偏差。同时农民相比于其他的人群而言，更容易引发一些心理的疾患，远离家乡的孤独寂寞，不甚满意的工资报酬，复杂多变的人际关系，现实与梦想的落差，过大的工作压力，无暇兼顾家庭带来的负罪感，职业发展前景不明造成的恐惧感……都有可能成为心理问题产生的根源，导致一系列的心理问题，甚至形成心理障碍，引发心理疾病，带来极为严重的后果。所以，对于农民工朋友而言，了解心理健康常识，学会自我调适，保持健康心理状态，就变得更为重要。

那么，如何正确地面对心理健康问题，学会自我调适和自我疏导，有效地引导自己培养一个积极、健康、进取、向上的心态，保持心理健康，让自己的内心更强大，积极融入城市生活，在城市中找到适合自己的舞台，实现自己的理想和抱负，拥抱自己的成功和幸福呢？

本书正是为新时代的农民工群体量身定做的心理健康与心理调适书籍，把那些看似专业的理论以最为通俗易懂的语言表达出来，让每一个读到本书的农民工朋友都能够了解到心理健康的重要性以及心理调适的基本方法，摆脱那些负面情绪、不良人格、错误认知带来的心理负担和心理阴影，强大自己的内心，增加心中的正能量，旨在使广大农民工朋友工作更顺利，生活更幸福，家庭更和睦，未来更美好！

目录 CONTENTS

第一章 重视心理健康，直面心理问题

心理健康像是心灵的翅膀，这双翅膀需要我们倍加呵护才能够让心灵向着成功的目的地飞翔。

现如今，我们的物质生活水平得到了极大的改善，然而心理问题却渐渐浮上了水面。作为新时代农民工中的一员，在辛苦的工作、生活中，我们不但要培养强健的体魄，也要培养健康的心理，奔向更加光明的未来。

1. 在外务工更要重视心理健康 / 2
2. 心理不健康比身体不健康更可怕 / 4
3. 心理健康的标准 / 6
4. 警惕这些负面情绪 / 9
5. 注意这些心理问题 / 12
6. 小心这些心理障碍 / 18
7. 这些心理疾病需要治疗 / 24
8. 有健康的心理才能与成功有约，与幸福邂逅 / 31

第二章　培养阳光心态，出门在外要有好心态

我们背井离乡来到陌生的环境，承受着经济压力、适应环境、人际交往等诸多问题。这些问题总是困扰着我们本来安静的内心，失落、愤怒、无奈、恐惧，一个个消极心理让我们的心态悄然发生着变化。

对待心态上的这些变化我们不能坐视不理，我们要正视它、迎接它、打败它。一个好的心态往往是工作和生活的极大动力，外部环境对于外出打工的我们已经是极为艰难的挑战了，那么就更不要让我们的心态再来添乱。培养一个积极阳光的心态，它将是我们出门在外的好伴侣。

1. 在外务工，好心态才有好状态 / 38
2. 培养积极心态，快速适应城市生活 / 40
3. 微笑生活，时刻保持乐观心态 / 44
4. 摒弃消极心态，积极面对困难 / 46
5. 拒绝逃避心态，勇于面对现实与理想的落差 / 49
6. 克服自卑心态，建立自信，相信自己一定行 / 52
7. 消除虚荣心态，知足常乐平淡是福 / 56

第三章　改善心理状态，把快乐融入工作

我们是城市中努力拼搏的农民工，就像每天采集花蜜的蜜蜂一样靠着自己勤劳的双手来获得属于自己的回报。可能我们做着最底层的工作，可能我们的工作在别人看来是那么的不起眼，可能我们的工作很累、很苦，根本没有人愿意去做。因此，我们就要整天愁眉苦脸地去迎接它吗？

当然不是！我们要把快乐融入到辛劳的工作中，每天都有好心情，时刻保持一个健康的心理。

1. 抛弃浮躁，找工作不要好高骛远 / 60
2. 为自己的职业生涯做一个规划 / 64
3. 以务实的态度快速适应工作 / 66
4. 失去工作并不是世界末日 / 69
5. 工作再紧张也要学会放松心情 / 71
6. 正确对待工作中的不如意 / 73
7. 发现工作中的乐趣 / 74
8. 在工作中多对自己施以"正强化" / 76
9. 保持工作热情，把快乐融入工作 / 78

第四章 学会宽容豁达，处好人际关系

"宽容就像天上的细雨滋润着大地，它赐福于宽容的人，也赐福于被宽容的人"，这是莎士比亚名剧《威尼斯商人》中最经典的台词之一，一直为后人所传诵。可见，宽容是一项高贵的品格，它不但能够让我们自己更加快乐，让自己融入更广阔的天地中，也能够让被宽容的人感到无比的幸福。

"海纳百川，有容乃大"，宽容大度是赢得他人之心的千金妙方。学会宽容，会使工作事业发展到顶峰，人际关系也会更加和谐。学会宽容，将自己投入天地中，也将天地装入心中。

1. 克服狭隘的不良心理，让自己更合群 / 82
2. 改善交往心理，远离社交恐惧症 / 84
3. 消除沟通障碍，走出交流误区 / 87
4. 走出自我封闭，让自己更有亲和力 / 91
5. 克服羞怯心理，主动与别人交往 / 94
6. 拆除冷漠这堵墙，学会喜欢所有人 / 96
7. 面对矛盾，主动化解胜于被动接受 / 100
8. 学会宽容，避免冲突升级 / 103

第五章 善于管理情绪，合理宣泄及时调节

我们的内心就像一个容纳情绪的大水库，积极的、消极的情绪都被装在其中。而我们在每天的工作和生活中所获得的情绪就像是天上降下的雨露，不断地填充着这个情绪大水库。日积月累，水库的水位越来越高，就需要开闸放水缓解压力。

因此，我们要学会管理情绪，合理地宣泄和调节内心的情绪，避免心理承受过多的情绪而“决堤”。

1. 集喜怒哀乐于一体，情绪是个奇异果 / 108
2. 极端情绪的不良作用 / 111
3. 用积极的自我评价对抗歧视 / 113
4. 改变胜于抱怨 / 115
5. 让嫉妒变成羡慕 / 118
6. 对于不良情绪要“分而治之” / 120
7. 用自我暗示转化消极情绪 / 122

第六章 卸掉压力，才能振翅高飞

城市就像一个高速运转的机器，带来的是极快的生活节奏和各方面的压力。在城市中生活的每一个人都能感受到肩头的重担。对于刚刚来到城市中的我们，这份重担可能让我们倍感憔悴。

我们的心理就像一只筋疲力尽的小鸟，如此巨大的压力压得它难以飞向高空。何不学着卸掉这些压力，还它一个在美好天空中自由翱翔的机会。

1. 再强大的内心也抵不住重压 / 126
2. 找到压力的根源才能“对付”它 / 128
3. 让自己学会“忙里偷闲” / 132
4. 放松的心情让你事半功倍 / 135
5. 攀比给自己徒增压力 / 137
6. 不要因为失败而倍感压力 / 142
7. “化敌为友”将压力变动力 / 144
8. 让内心强大，做压力的“主人” / 149

第七章 不断完善自我，化解人格危机

尼采以一句“上帝已死”宣告了一个崭新时代的到来。经过不断的发展和完善，我们的社会已经是一个社会统一价值不断弱化，而个体自身价值观念不断加强并呈现多元化的时代。

然而，在我们的物质生活水平不断提升时，我们的人格层面却日益呈现危机。社会的进步，生活水平的提高却似乎让我们的内心陷入了亟待拯救的境地。学会完善自我，化解人格危机成为了新时代下提升心理健康程度的重要一环。

1. 走出偏执，凡事不钻牛角尖 / 154
2. 摆脱依赖，靠人不如靠自己 / 156
3. 学会挑自己的毛病 / 159
4. 抛弃自私，利人利己 / 161
5. 奉公守法，轻松无虑 / 164
6. 摒弃恶习，洁身自爱 / 167
7. 拒绝暴力，暴力解决不了问题 / 171

第八章 理智对待情感，拥抱幸福人生

真正的爱，是接受，不是忍受，是支持，不是支配，是慰问，不是质问；真正的爱，要道谢，也要道歉，要体贴，也要体谅；真正的爱，不是彼此凝视，而是共同沿着一个方向望去。其实爱不是寻找一个完美的人，而是要学会用完美的眼光欣赏一个并不完美的人。

对于在外打工的我们，理智对待情感才能更好地守护和珍惜它，才能拥抱我们的幸福人生。

1. 幸福婚姻与金钱和地位无关 / 176
2. 两地分居，更要维护亲密关系 / 179
3. 不要让猜忌毁了亲情 / 182
4. 再忙也不要放弃与家人团聚的机会 / 184
5. 感情挫折更需要冷静处理 / 186
6. 不要忘了对孩子的爱 / 189

附　录

1. 测测你的心理素质 / 193
2. 测测你的压力有多大 / 195

第一章

重视心理健康，直面心理问题

1. 在外务工更要重视心理健康

对于在外务工的农民工朋友来说，背井离乡的沉重，与陌生环境的格格不入，与他人之间的交流障碍，辛苦劳累的工作都极容易让心理健康出现不同程度的小问题。如果我们任其发展，这些小问题就会积累成大问题。反之，如果能及时发现并重视这些小问题，并且合理处理，那么就能够让我们拥有一个健康的心理，让我们的工作和生活都更加美好。

小张和小李是两个抱着同样希望，来到同样一座城市打拼的农民工，他们在同一个工地工作。

小张是一名电焊工，负责工地上的焊接工作。每天极大的工作强度和工头的百般刁难让他的心理渐渐发生了改变。从前，小张是一个乐观开朗、好交朋友、性格较为外向的人。但是如今，他却变成了一个沉默寡言、在工地上几乎没有朋友的人。慢慢地，他的情绪也变得极端的消极，不管是什么样的事情都会往最坏的结果去想，每天脑海中全是抱怨和不满。

这种心理上的消极逐渐开始影响到了小张在工作和生活中的行为，他发现自己越来越不想工作，每天早起上班时，就像要上刑一样痛苦异常。在生活中，他也开始失去希望，有时下班后甚至连门都不出，把自己关在屋里靠看电视消磨时光。最终，由于对工作的懈怠，小张被工头开除，只得回到自己的家乡，失去了一个走向更广阔世界的机会。

而小李与小张面临着同样的问题，他的心理也被这些外部因素逐渐引向消极的方向。但是，就在消极心理开始影响到他的行为时，小李敏锐地注意到了这一点，并积极地通过上网、电话咨询等方式了解了自己的心理出现了一定程度的问题。之后，小李开始学习如何自我调适，让自己的心理渐渐恢复了健康。

健康的心理让小李在工作中事半功倍，通过不断的努力，工头发现了他的才能，小李从一名普通的工人逐渐晋升，最终自己做了工头，还在这座他工作的城市里买了房子，将一家人都接到了城市生活。

面对同样的外部条件，小张和小李都在心理上产生了一定的问题，这是一种正常的现象。每个人的心理都不是坚不可摧的，面对各种各样的外部因素，心理上总会产生一些问题。如果像小张一样，任由问题发展，最终就会导致小问题扩大化，影响到我们的工作和生活。而小李则是一个好的榜样，在心理问题出现时，他意识到了解决这些问题的重要性，并且积极地通过各种方法去寻求帮助，最终修复了自己心灵上的漏洞，也让工作和生活走向了美满。

据某省总工会进行的一次“农民工心理健康”调查活动显示，有26%的员工存在不同程度的心理问题，员工心理健康的整体状况不容乐观。心理问题就像一个隐藏的杀手，我们需要重视它，将它从暗处揪出来，这样才能够避免它成为扼杀我们幸福生活的罪魁祸首。

在工作和生活中，如果我们发现自己的情绪、认知、行为发生了某种突如其来的变化，那往往意味着我们的心理已经存在了问题。这时，我们一定要清醒地意识到这些心理问题的重要性以及它们可能带来的后果，并通过积极的自我调适来解决。

2.

心理不健康比身体不健康更可怕

对于农民工朋友来说，身体是工作的本钱，一个好的身体才能够让我们在工作中发挥更大的潜能。因此，农民工朋友可能会认为，疾病是最可怕的敌人。身体生病不但会导致无法工作，无法获得报酬，同样还要花费一大笔开销。

然而，在重视身体健康的同时，我们却往往忽略掉了心理健康。其实，心理不健康比身体不健康更可怕，因为人的心理往往影响着一个人的行为、认识、情绪等多个方面。如果心理不健康，那么就意味着我们的行为、认识、情绪等可能出现了一定程度的偏差，这些偏差甚至会间接导致我们身体的不健康。

小周是一名长途货运司机，由于经常连续好几天在路上跑长途，经常睡不好，精神也不太好。差不多一个月之前，他忽然觉得整个人都不对，很嗜睡，总觉得睡不醒，精神状态更差了，于是他就开始猜自己有什么毛病。怀疑自己有糖尿病或者是恶性肿瘤等疾病。于是他终于下定决心，跑到医院里面去检查，检查之前他依然不断幻想自己可能得了种种绝症。在医院时，他跟医生这样说："做个全身检查，做个肿瘤指标。万一我查出来是肿瘤，千万不要瞒我，发短消息给我，不能当场告诉我，当场告诉我，我会崩溃。"

做完检查后，医生告知小周需要一周的时间等待结果。一周时间对于一般人来说并不算长，然而小周的心理一天比一天悲观，每天都幻想着各种不治之症可能发生到自己身上，他度日如年。有一天清晨，他在洗漱时由于刷牙过于用力导致了牙龈出血，然而当他看到血迹时，他误以为是内出血。他想：果然我是得了很严重的不治之症，与其花钱看病延续痛苦，不如一走了之。

就在这个阳光明媚的早晨，小周从13层纵身跳下，坠楼身亡。就在他坠楼后的一个小时，他的手机响了。在他的妻子和孩子整理他的遗物时，发现了手机上的这条短信：您好，我是您的主治医生，经过健康检查，您的各项指标均在正常范围内，您的身体非常健康。

在上面的例子中，小周由于长期无规律的高强度工作，导致出现了严重的心理问题，他总是幻想着由于这种生活会给他带来严重的疾病，这其实是一种疑病症的表现。

经调查，超过10%的身体疾病是由于心理问题所造成的。心理问题不光能够直接造成心理疾病，也会通过对行为、认识、情绪的影响间接地造成身体疾病。其实，很多时候我们的心理远远不如那些患有严重身体疾病的病人更加健康。

曾经，一个记者对一名肝癌晚期的绝症病人进行过采访。在面对记者的采访和摄影机的镜头时，人们看到的并不是一张由于患有严重癌症而沮丧的脸。他见到记者的第一眼，就给了他一个大大的笑容。在整个采访过程中，这个病人从始至终面带微笑，连记者都被这种发自内心的乐观所震撼。

在采访中，记者问了他这样一个问题："当你知道自己得的是不治之症时，你是如何承受这一切的。"这名病人笑着回答道："不管我得了什么病，你看我不是还没有死吗？那么我就要积极地面对，医生说我只有3个月的时间，所以我更要过好接下来的每一天。我跟你的区别其实只是我知道我什么时候会离开，而你不知道。”

当这次采访结束后，所有参与采访的人都以一种敬仰的心情离开了病房。两年后，他再次接受了这名记者的采访，这次采访是他出院后在家进行的。

一名被医生宣判“死刑”的重病患者，用自己强大的内心告诉了我们，这个世界有奇迹，这个奇迹就蕴藏在一颗健康、强大的心中。

事实证明，健康的心理甚至能够让身体从疾病中走出来，变得更加健康。在医学界的记录中，有着无数这样的人，他们有着一个健康的内心，他们用意志战胜了病魔，创造了一个又一个的奇迹。而作为一个身体健康的人，如果我们也有着一个健康的心理，一定会创造出属于自己的美丽人生。

对于农民工朋友来说，我们的劳动可能很辛苦，我们的身体可能承受着劳累所带来的压力，我们可能面临着各种疾病的威胁。因此，如果我们的心理再处于不健康的状态，那么身体疾病的侵袭无疑只是时间问题。在工作和生活中，我们要时刻注意心理问题，防患于未然，让它在达到足够致病的程度前就得到适当的解决。而如果我们的身体已经患病，那更要有一个健康的心理，让它帮助我们早日脱离疾病的困扰。

3. 心理健康的标准

心理学家认为，人的心理健康包括以下七个方面：智力正常、情绪健康、意志健全、行为协调、人际关系适应、反应适度、心理特点符合年龄。

作为新时代的农民工了解什么是心理健康，对于增强与维护个人的整体健康水平有重要意义。农民工朋友们如果掌握了人的心理健康标准，以此为依据对照自己，进行心理健康的自我诊断，就能够发现自己的心理状况与心理健康标准有哪些偏差，然后才可以更有针对性地加强心理锻炼，让心理健康水平有一个较大的提升。如果发现自己的心理状态严重地偏离心理健康标准，一定要寻求医生的帮助，以便更及时地诊断和治疗。

李承早年从农村的家中来到城市打拼，经过多年的努力，如今已是一家小型货运公司的老板。在事业蒸蒸日上的同时，他的心理却在一步步地走向黑暗。

在生意场上的打拼，让他的心理不断地接受着各种各样的负面影响。合作伙伴的背叛、生意上的潜规则、一次次侥幸钻法律空子的喜悦、一点点降低自我道德底线而获得的意外收获……让他的心理逐渐扭曲。

面对这些变化，他意识到了自己的内心已经偏离了正确的轨道，然而对于心理健康标准的无知让他认为这是生意场上每一个人的必经之路，虽然有违自己的价值观，但这些心理上的问题还不是很严重，没什么大不了的。渐渐地，他的心理越来越走向不健康的一端，喜怒无常的情绪，对自己行为的控制力越来越差，道德逐渐沦丧，意志力越来越差。

终于，李承的心理严重地偏离了健康标准，他的实际行为对他内心正确价值观的一次次冲击让他患上了严重的抑郁症。当家人把他送到医院进行治疗时，医生已经无能为力。李承经过不断的拼搏和努力，从一个农民工变成了老板，这本来是一个成功的案例，但是由于他对于心理健康标准的无知，导致他在发现自己存在心理问题时没有及时重视起来，最终却只能在精神病医院中度过余生。

李承的故事让我们深刻认识到了解心理健康标准的重要性。心理健康标准是一把度量我们内心是否健康的标尺,就像体温计可以测量我们是否发烧一样,是衡量我们心理健康的重要工具。

著名心理学家马斯洛和米特尔曾经提出过一个"心理健康的十条标准",这一标准被认为是当今最经典的心理健康衡量标准,这条标准的内容如下:

(1)充分的安全感;

(2)充分了解自己,并对自己的能力做适当的估价;

(3)生活的目标切合实际;

(4)与现实的环境保持接触;

(5)能保持人格的完整与和谐;

(6)具有从经验中学习的能力;

(7)能保持良好的人际关系;

(8)适度的情绪表达与控制;

(9)在不违背社会规范的条件下,对个人的基本需要做恰当的满足;

(10)在集体要求的前提下,较好地发挥自己的个性。

在实际生活中,农民工朋友们可以依照以上的十条标准对自己的心理进行衡量,距离标准越为接近,就证明我们的心理越健康。在衡量这些标准时,我们不但可以进行自我衡量,还可以让我们周围的朋友、家人一同参与,帮助自己进行更加客观的评价。这样我们就可以及时发现心理上存在的问题,尽早对其进行调适。

4. 警惕这些负面情绪

在农民工朋友们背井离乡去工作和生活的日子里，面临较大的生活压力和适应环境等问题，多多少少都会产生一些负面情绪，这些负面情绪会对心理健康产生一定程度的影响。因此，了解这些负面情绪，知道自己有哪些负面情绪并及时对其进行调适对于保持心理健康是非常重要的。

心理学上把焦虑、愤怒、抑郁、悲伤、痛苦、自卑、不满、压抑、空虚等情绪统称为负性情绪，也可以称为负面情绪，我们之所以称它们为负面情绪，是由于这些情绪给我们带来的是不积极的心理影响，甚至身体也会因为这些情绪感到不适，严重的话甚至可以影响工作和生活的顺利进行，进而可能引起对身心的伤害。

最近英国心理学家对6万名成年人进行调查研究发现，其中近15%的人有情绪问题，女性要比男性多。年龄较为年轻、有吸烟习惯的人、远离家乡工作的人、收入较低者占据了更大比例。

另一项研究表明，一般人口中约有15%～20%的人有情绪障碍、心理困扰。这些情绪障碍常见于多年积累负面情绪并且没有机会得到释放的人群中。有情绪障碍的人中，55%并不知道哪些情绪对心理有负面影响。

以上两项研究向我们表明了，作为农民工群体，大多符合第一项研究中易患情绪问题人群的特点，因此更要重视自己对自己负面情绪的发现和控制。另外，农民工朋友们一定要了解什么样的情绪是负面情绪，自己拥有哪些负面情绪,以便及时地在心理上进行调适和释放。

下面,我们对负面情绪的逐一阐述,方便农民工朋友们更加直观地判断自己是否产生了这些负面情绪。

(1)焦虑:这是指一种缺乏明显客观原因的内心不安或无根据的恐惧,是人们遇到某些事情如挑战、困难或危险时出现的一种正常的情绪反应。当我们内心有焦虑情绪时,通常表现为难以自制的紧张、不愉快和缺乏理由的害怕感,身体上出现心跳加快、出汗、四肢发冷等情况。一般来说,焦虑会在我们面对没有完成任务和极大的挑战、受到挫折和面对失败、做错事情时出现。

(2)愤怒:它是一种消极的情绪状态,一般包括敌对思想情绪、生理反应和不良的行为。这是一种非常原始的情绪,是一种动物的本能。在愤怒时我们的心理通常会呈现难以控制的紧张、敌对,身体上出现心跳加快、身体发热等反应。愤怒通常出现在被轻视、被侮辱、预期与实际存在极大偏差时。

(3)抑郁:这是一种较为严重的负面情绪,它是指显著而持久的情绪低落,并且这种低落与其处境并不一致。在抑郁时我们的心理会对任何事情都提不起兴趣,在身体上则表现出乏力、注意力涣散。抑郁情绪是一种非常危险的情绪,一旦出现一定要予以重视。

(4)悲伤:这是一种非常常见的负面情绪,遗憾、失望、难过、悲痛都是悲伤情绪的一种,只是程度上有所区分。在悲伤时我们的心理通常表现为无助,并且情绪低落。在身体上会伴有哭泣、沉默等现象。悲伤是一种心理保护措施,通常在面对重大的无法抗拒的事情时出现,例如亲友死亡、离婚、事业出现重大失败等。

(5)痛苦:这种情绪是指由于外界事物引起的内心不适感,是人们经历最多的情绪之一。痛苦情绪出现时人们心理上往往表现为烦躁、没有缘由的伤心、压抑。在行为上多表现为消沉、精神涣散、肌肉紧张。痛苦通常出现在面临工作压力、生活负担过重、过多的思考时。

(6)自卑:农民工从心里非常渴望得到城市人的承认和接纳,但农民的身份又使其在面对城市人时往往显得非常自卑，对自己缺乏信心，总觉得处处不如别人，甚至会自觉不自觉地回避与城里人的交往，形成自我隔离的状态。

(7)不满情绪：农民工抱着提高收入的期望来到城市，进入城市后虽然从事的是劳动强度大、工作环境差、危险性高的工作，但在收益的分配上，却是受益最少的群体，加之农民工身处城市，对城乡差别有直接而强烈的心理体验。收入分配上的不平等和生活水平上的巨大反差，会使很多人产生强烈的"被剥夺"心理。在自身利益长期被忽略以至被损害的情况下，农民工就可能会心理失衡，引发对现实社会的不满情绪，在个别人身上甚至会发展成为反社会心理，出现冲击政府机关、制造突发事件、报复富人群体等违法犯罪活动。

(8)生存压力和背井离乡的孤独、寂寞：农民工大多远离故土和亲人，脱离原来的生活环境，在城市孤身闯荡，生活圈子狭窄，艰难的生存状况和陌生的城市容易使农民工产生孤独感。能力与社会需求极不相称很难拥有一份较为稳定的工作。随着工作的频繁变动，农民工要经常面对陌生的工作、陌生的环境、陌生的群体，由此而产生的紧张、焦虑、恐惧、自卑等心理问题长期积压在一起，加之远离家乡和亲人，又缺少可以道出心里话的人，可能导致农民工情绪低落、倍感压抑。在巨大的身心压力无法排解的情况下，相当一部分农民工采取消极的生活方式，有的将自己封闭起来，有的则借酒消愁甚至寻衅滋事。

以上便是心理上最常见也是最基本的几种负面情绪产生时的心理、生理特点。我们可以通过这些特点来大致推断出所产生的负面情绪，警惕这些情绪控制我们的内心。但是，这种推断并不是绝对的。例如我们感到乏力、注意力涣散，并不一定是抑郁所引起的，也有可能是身体过于疲劳导致的。因此，不要盲目地认为自己产生了负面情绪，而是应该全面地去衡量。

5. 注意这些心理问题

作为外出打工的农民工中的一员，我们也是在社会中生存的普通人，当然会面临着各种各样的心理问题，这些心理问题会影响到我们的身心健康，一定要引起我们的足够重视。心理问题就像一个个处于萌芽阶段的小蛀虫，蚕食着我们的心理健康防线最好的做法，是在这些小蛀虫长大成形之前消灭它们。

心理问题之一：总是很焦虑

孙先生一家人都生活在一个小村子里，为了改变穷困的现状，他的女儿决定外出到城市中打工。可是女儿外出后没多久，孙先生的老伴就因病去世了，孙先生只得一个人孤独的生活。不久之前，他的女儿发现孙先生越来越难以应付日常生活，平时自己也很少外出，常说："碰到熟人不愿意和他们讲话，担心自己一个老人被人趁机欺骗和伤害。"

孙先生的女儿开始并没有对父亲这种不正常的疑虑产生足够的重视，认为父亲可能是自己一个人生活较为孤独，年岁大了以后脑子也变得糊涂，于世将父亲接到了城市中生活。可是好景不长，孙先生又开始产生了各种莫名其妙的疑虑，甚至认为上门查水表的工作人员都是骗子。

这种情况持续了一段时间后，变得更加严重。女儿最初将孙先生接到身边，是想有自己陪伴能够打消孙先生的各种疑虑，然而事与愿违，对城市生活环境的不适应让孙先生的疑虑反而加剧，甚至已经开始怀疑到女儿。有一次，女儿在家中做完家务后，孙先生感觉自己的东西被女儿翻动了，正巧他又找不到放在抽屉中的现金了，于是孙先生就认定是女儿“偷”了他的钱，并质问女儿。这种行为极大地伤害了女儿的自尊心，女儿一气之下把他送回了老家，并越来越与他疏远。

在回老家的路上，孙先生却突然发现原来自己放在抽屉中的现金不知道什么时候被自己揣在了兜里，他追悔莫及，后悔自己怀疑并质问女儿的行为。但是为时已晚，他已经对女儿的心理造成了巨大的创伤，而这创伤则很难再弥补。至今，女儿都很少回到家乡去看望他，依旧保持疏远的态度。

心理问题之二：我不想跟他人交流

刘女士和丈夫从农村来到城市打工，成为了广大农民工群体中的一员。刚到新的环境，刘女士没有什么朋友，她感觉自己与身边的人总是格格不入，不像在村里那么自在。但是她却没有去尝试与别人沟通，反而性格越来越孤僻，很少与人说话。

她的丈夫发现了她心理上的变化，每天晚上在家都会与她沟通，询问她是否能够适应城市的生活，但是刘女士却爱答不理。渐渐地，刘女士甚至连与丈夫的沟通都变得越来越少，总是一个人嘴里念叨着什么却很少说出来。

发展到后来，刘女士的精神已经出现了恍惚，行为也越来越异常，经常自己一个人外出却只在家周围绕圈，回到家中也总是坐在窗前发呆。她的丈夫意识到了问题的严重，带她去医院进行心理咨询。医生说她患有严重的社交恐惧症，并且已经有轻度的抑郁症表现，需要进行心理辅导和药物治疗。

最终在医生和丈夫的不懈努力下，刘女士的心理恢复了健康，但是他们却为此花费了大量的钱财，由于长期无法工作，刘女士也失去了来之不易的工作机会。

刘女士的情况其实在外出打工的农民工朋友中屡见不鲜，突如其来的外部条件变化和生活圈子的改变导致了孤僻的心理问题，这种孤僻如果没有得到有效的矫正就会发展成为社交恐惧症进而加剧孤僻心理，最终导致甚至连与亲人的交流都会出现障碍。

要解决这种孤僻的心理问题，我们首先要学会敞开心扉，先与周围各方面条件与自己相近的人进行交流，保持良好的沟通能力。之后要鼓起勇气，敢于去迎接环境的变化，与更多的人群进行沟通。心中时刻提醒自己，与人交流并不可怕，大部分的人都是友善的。

心理问题之三：我很差劲

小陈是村里人尽皆知的工作能手，在村子的工厂里干得有声有色，出色的工作成绩也让他获得了一份不错的报酬，同时也给了他不小的优越感。抱着更长远的目光小陈决定来到城市打工。初来乍到的他看到城市中一座座高楼大厦，穿梭的人群个个衣着光鲜，又看了看自己一身已经穿得破旧的西服，心中开始起了变化。在村子里被人人羡慕的他到了城市中却成为了最不起眼的一员，这无疑是一个沉重的心理打击。

而在随后的工作中，小陈发现自己在村子工厂里的各种熟练技巧，到了这里却派不上用场。城市中的工厂都是自动化流水线作业，小陈对此一窍不通，他开始从头学习。在工作中，他遇到了种种困难，却也干得越来越好。可是他却没有看到自己的进步，而是不断地问自己：我是不是很差劲，我为什么不如城市中的其他人那么出色。

慢慢地，这种自卑的心理让他的内心产生了问题，他开始盲目地与各种比他强的人去比较，不断地问自己为何不如别人，为何别人穿着光鲜亮丽，而自己却一副破破烂烂的穷酸样。有一天，工厂的负责人交给他一个颇具挑战的任务，当然作为回报，完成这个任务可以让他的职位晋升，从普通工人变成领班。但是，由于自卑心理，小陈却回绝了这个来之不易的机会。工厂的负责人得知这一消息，失望地摇了摇头，从此也不再对他寄予更大的希望。

就这样，由于在生活中盲目的攀比和极低的自我评价导致的自卑心理让小陈错失了出人头地的机会，直到最终都只是一名普通的工人。

小陈的事情同样也是普遍发生在农民工群体中的一大心理问题。自卑是阻碍我们成功的绊脚石，只有克服了自卑心理，才能够让我们敢于去朝着更好的未来努力。

自卑往往源于我们心中不恰当的比较和不客观的自我认识，与别人存在差距并不可怕，可怕的是我们被这种差距蒙住了双眼，看不到自身的优点。作为农民工群体中的一员，我们可能比不上城市中高收入人群那么耀眼，但是我们有着属于自己的那一份荣耀。不要进行不切实际的比较，建立充分的自信。我们不一定要比别人做得好，只要比之前的自己做得好就很优秀了。

心理问题之四：决不多花一分钱

刘丽与丈夫初来城市打工时，城市中较高的消费水平和昂贵的房租都给他们带来了巨大的压力。在这个压力面前，刘丽养成了勤俭持家的好习惯，两个人一起节衣缩食度过了最艰难的阶段。

经过几年的努力，他们已经双双获得了不错的收入，并且在城市中有了自己的住房，生活越来越好，然而问题也随之而来。刘丽的丈夫发现，自己的妻子变得越来越吝啬，一分钱都不舍得花。

一次，刘丽的丈夫由于突降大雨自己又没有带伞，于是便打车回家。结果到家后刘丽得知了丈夫打车回家的事情大发雷霆，认为丈夫刚刚挣到些钱就开始大手大脚，不知道节约。当时，刘丽的丈夫并没有在意这件事，认为刘丽勤俭持家是好事情，还承认了自己的错误。

可是在这之后，刘丽却愈发的吝啬起来，甚至家里要吃肉、吃鱼都需要得到她的同意，有时甚至一周都不吃一次肉。并且，她开始将丈夫的工资全部保管起来，甚至她的丈夫想请朋友吃顿饭都变成了奢望。终于有一天，刘丽的丈夫再也忍受不了这种吝啬的生活，向她提出了离婚。这时，刘丽才意识到自己的心理出现了多么大的问题，万幸的是经过积极的心理调适，她成功地挽救了自己也挽救了自己的家庭。

作为来城市寻找更多机会的农民工朋友，刚开始我们肯定会有着巨大的经济压力，可能还需要顶着这个压力为远在家乡的家人寄去生活费。节俭是非常优秀的品质，但是凡事有度，像刘丽这样过分节俭，就成为了一种心理问题。

节俭并不等于吝啬，该花的钱还是要花的。解决这一心理问题，我们就一定要在心理上对钱有一个正确的认识。钱是一种工具，让我们能够更好生活的工具，如果它不能够让我们的生活变得更美好，那么它就失去了存在的意义。挣钱就是用来花的，只要是用在合理的花销上，它就发挥了最大的价值。一味地将钱存起来，最后它们不过是一张张纸而已。

心理问题之五：单调与空虚

城市中的文化设施和休闲场所很丰富，但由于农民工业余时间少，收入又不高，对城市中的文化设施和休闲场所基本消费不起，可以说农民工务工期间的社会生活空间几乎呈封闭状态，不能完全融入所在城市的主流生活，文化、教育活动极贫乏，容易使农民工产生空虚心理。

一位农民工和我这样谈道：“每天，我照常地工作、生活，可总觉得心里好像有点儿不对劲，似乎我不知道为什么工作、为什么生活，常常有一种很空虚的感觉。”他还不无困惑地说：“看看其他同事，工作总是充满热情，玩也玩得潇洒。而我感觉什么都无聊，什么都没意思。这种情绪让我整天百无聊赖、心绪懒散、寂寞惆怅却又不知该怎样解脱。怎么别人就能过得那么充实，而我自己就那么空虚呢？”

这位农民工其实是说出了大部分农民工的心声。从心理学的角度来看，空虚是一种内心体验。这种情绪的产生源自内在的某种需求没有得到满足，使个体产生不均衡和缺失感。当这种不均衡和缺失感持续作用于个体时，就会使个体产生不愉快的情绪体验，继而感到“空虚”。

空虚是指百无聊赖、闲散寂寞的消极心态，即人们常说的“没劲”，是心理不充实的表现。当人们长期生活在空虚状态中，内心就会产生一种不平衡，进而导致一些疾病。

心理学上认为，空虚是由于内心缺乏追求，失去了人生的奋斗目标，从而产生的一种彷徨和迷茫的心理状态。心理空虚的人往往缺乏内在的奋斗动机，他们不懂得为个人的理想和追求而努力，因此，也不会获得奋斗的乐趣和成功的喜悦。在他们看来，生活是无聊和枯燥的，他们的心灵空乏虚无，常常会感到孤单和寂寞。为了摆脱这种心理上的“饥饿”，就有可能因寻求刺激而去抽烟、喝酒、赌博，甚至闹事，以此来排遣时间，个别的甚至会走上犯罪的道路。

其实不只是农民工，我们每个人在自己的人生中，都会由于各种外界环境的刺激和内在的心理因素而产生一种内心的空虚。

那么，我们该如何走出这种空虚呢？

(1)设定可以达到的目标，及时调整生活的节奏。让自己投身到日常真实的生活中去，深入自己的内心世界，总结每一天的收获和体验，寻求平静的内心感受。

(2)掌握一些放松的技巧，感到空虚时，做几次深呼吸，慢慢地把肺里的空气全呼出去，然后再深吸气，重复 6～7 次。也可以想象田野、高山，把你的想象集中在你喜欢的环境中，并调动你的视觉、听觉、嗅觉一起去想象，你会很快获得内心的平静。

(3)找点切实的事情去做,不要考虑得太多。想一想,自己今天能切实地做点儿什么事情?比如可以做些简单的家务、外出散散步、户外的体育运动,这些小事可以让自己“充实”起来。

(4)试着关心周围的人,力所能及地帮他们做一些事。在体会助人的快乐以及自我价值感的同时,空虚无聊的感觉也会慢慢地远离你。

(5)改变对生活的看法,面对空虚时,还要培养对生活的热情。根据美国心理学家埃利斯的情绪 ABC 理论:激发事件 A,只是引发情绪和行为后果 C 的间接原因,而引起的直接原因则是个体对激发事件 A 的认知和评价而产生的信念 B ,即人的消极情绪和行为障碍结果,不是由于某一激发事件直接引发的,而是由于经受这一事件的个体对它的不正确认知所产生的错误信念直接引起的。从这个意义上说,如果我们在空虚时能够试着改变自己的认知,并给自己一些积极的心理暗示,对摆脱空虚的意义重大。

心理学上有一句名言:一个人的内心就是一个人真正的主人,要么你去驾驭生命,要么是生命驾驭你。而你的内心将决定谁是谁的坐骑,谁是谁的骑师。所以,无论我们有什么样的心理,首先我们要学会去驾驭它们,调适它们,让它们随着我们向着幸福的方向前进,而不是被它们左右。那么我们的心理是健康的,身体也会是健康的,生活就会是充满阳光的。

6.

小心这些心理障碍

心理障碍是指人们由于生理、心理或社会原因而导致的心理异常变化,并且这种异常变化达到了需要医疗诊断和调适的水平,但是并没有达到病态的程度。依靠我们得当的心理调适和心理咨询可以有效地改善心理障碍，让它不会发展成为心理疾病。

心理障碍主要表现为没有能力按照社会认可的适宜方式行动，以致其行为的后果对本人和社会的发展都产生了一定程度的阻碍。心理障碍人人都有可能遇到，而其中一些心理障碍在农民工群体的发生概率非常高。因此，作为新时代农民工中的一员，我们一定要小心这些心理障碍，让自己的心理健康成长。

心理障碍之一：所有人所有事都在针对我

刘某是一个工厂的技术工人，他吃苦耐劳，工作能力也得到了领导的充分认可。在平时，刘某与工友之间的交流也算融洽，然而谁也不知道他的内心却是这样一番景象。

刘某每天在工作生活中总是感觉周围人都在嫉妒他的才能，总用一种异样的眼光看他，他觉得工友们一定是在背后说他的坏话。因此，他为了此事公开地与自己周围的朋友进行过一次交流，然而大家却否认嫉妒他的才能，刘某却认为他们是在为自己辩解。渐渐地，他身边的朋友都疏远了他，这更让他确信是他们在嫉妒。

在这种心理的驱使下，刘某的行为愈发让人捉摸不透。他经常与工厂的负责人顶撞，他认为领导的想法经常是错误的、可笑的。刘某开始我行我素，说话办事完全不顾忌他人全凭自己的想法，他认为他比这个工厂中的所有人都强，他们之所以不认可他是他们都想针对他、嫉妒他。

到了最后，刘某的这种想法已经到了极致，他总觉得他在别人眼中一定是人见人恨的，其他人一定认为他是思想简单最好欺负的员工。以至于后来，刘某开始刻意避免与任何人之间的交往。可是即使这样，他依旧认为周围的所有人都在针对他。领导发现了刘某的变化，认为他不再胜任工厂的工作，于是将他调离了原有岗位去看守一个仓库。刘某不但没有反思自己，却想一定是背后有人捣鬼说他坏话，致使他被无故调离了现在的工作岗位。

在这件事发生后，刘某固执地认为是单位领导故意整他，于是将这件事情上报给了上级部门。但是，经过上级部门的调查，刘某的心理状态确实不再适合原有的岗位，因此并未对此事进行干预。刘某也因为这件事与工厂领导的关系进一步恶化，最终只能被迫选择离职。

在上面的例子中，刘某就属于典型的偏执型人格障碍，这是一种在农民工群体中非常高发的人格障碍。偏执型人格障碍主要表现在过敏多疑、固执己见、极易记恨等方面。想任何事情都走极端，经常通过自己的想象对人对事进行不客观的评价，总是觉得所有的事情都是针对自己的。

偏执会导致我们无法对发生的事情和周围的人进行正确、客观的评价，最终会歪曲我们的世界观、价值观，因此一定要做适当的心理调适改变这种人格障碍。在日常的工作和生活中，我们一定要养成就事论事的好习惯，不要将一件独立的事件联想到某些人或者是某些其他的事。想事情不要一味追根问底，这样可以极大地避免我们的心理由于不断追寻事情的“本源”而走向一个极端。要相信，这世界上99%以上的人并不关心你怎么样，没有那么多人要针对你要害你。有些事情本身并不存在因果关系，不要通过主观臆断硬把它们联系到一起。

心理障碍之二：我今天就要跟你拼命

2010年6月15日下午，新婚的李丽照例去驾校学习开车。在学车间隙，学员们都坐在树荫底下乘凉，围坐在一起的几个男学员中有一个叫刘传文的学员冲着李丽指指点点，引来众多男学员的目光和嬉笑。李丽觉得很是害羞和诧异，怀疑自己是不是身上有脏东西。这时一个和李丽关系不错的女学员坐到李丽身旁，对她说："好好整整衣领，刘传文和他们说看见你胸部了。"李丽这才明白过来，原来喜爱打扮的李丽今天穿了一件紧身低胸的衣服，刘传文他们是没安好心，李丽顿时觉得羞愧难当。晚上回到家，李丽就把今天的事一五一十地对其新婚丈夫讲了。可能是喝了酒的缘故，丈夫非要马上去找刘传文理论，但被李丽劝止住了。

第二天早上，还是觉得恶气难出的李丽丈夫决定去找刘传文"算账"，因为他之前就得知，这一天早上6点刘传文等学员要在县工会院内集合去考试，所以他4点就出门了，准备直接到县工会找刘传文理论。李丽丈夫先是打电话联系了朋友马龙，让马龙和他一起去找刘传文。二人驾车先去五金店门市拿了两根一米长、七八公分粗的木棍，然后直接就奔县工会大院了。果然，刘传文等人正在集合。李丽丈夫和马龙下车提着木棍，走到人群中间，李丽丈夫大声呵斥："哪个是刘传文？是你昨天侮辱我媳妇了吧？"众人看这架势，唯恐避之不及，纷纷上车躲闪，刘传文这时站了出来。李丽丈夫和马龙二话不说，上前就要猛打刘传文，刘传文遂跑避躲闪。李丽丈夫和马龙在院子北边的厦子下面追上了刘传文。李丽丈夫先是踹了一脚，随后又跟上的一拳重重打在刘传文后脑勺。然后马龙踹了刘传文一脚，用棍子打了一下刘传文的后颈部，这时刘传文痛苦地用右手捂了一下头，李丽丈夫这时又追上前去踹了一脚。二人这时被赶上前来劝架的人拉开了。这时刘传文已经处于半昏迷状态。李丽丈夫趁大家不注意，手里拿着木棍，朝刘传文头部猛砸两下，被害人立即倒地。李丽丈夫这时也不敢再打了，刘传文在地上不停地挣扎、抽搐，过了一会儿有人拨打了110和120，马龙则趁乱逃离了现场。因为众人的控制，未来得及逃脱的李丽丈夫当场被前来的警方抓获。被害人刘传文被送到了县人民医院，经鉴定其伤情为重伤。

李丽丈夫伙同他人故意非法伤害刘传文的身体，造成刘传文重伤的后果，其行为已经构成故意伤害致人重伤，涉嫌故意伤害罪，最终被判处了5年有期徒刑。

“冲动是魔鬼”这句话想必大家都听过，可见冲动的危害很大。有些人可能会认为冲动是一种性格，但是实际上它是一种非常危险的心理障碍——冲动型人格障碍。存在这种人格障碍的人往往表现出无法克制的冲动行为，虽然能够预见自己行为将要带来的后果但是却无法克制。

作为农民工群体中的一员，我们可能会面临着比一般人更多的不公正、受歧视等问题，在面对这些问题时，我们更要避免冲动行事，当冲动成为一种习惯时，其实它就深深地影响到了我们的心理，造成冲动型人格障碍的产生。史坤的例子就告诉了我们，冲动离犯罪只有一步之遥，因此一旦发现自己存在有冲动型人格障碍，要尽快进行心理调适，避免酿成无法挽回的悲剧。

在自我心理调适中，我们可以尝试树立理性的思维模式，养成遇事先思考而不是先行动的好习惯。另外，我们还可以尝试“厌恶疗法”。即在每次我们有冲动心理时，对自己做一些惩罚性措施，这样久而久之为了避免受到惩罚，自然就会克制冲动心理，从心理上有效治疗冲动型人格障碍。

心理障碍之三：报复这个不公平的社会

马新明从小学习成绩中上，家里也不用操心。他曾想当兵，但由于视力原因，未能如愿。高中毕业，他没有参加高考，说是想为家里省几个钱，早点出来做事。不过后来，他还参加党校学习，拿了个大专文凭。22岁入党，是村里现在最年轻的党员。他还曾经是村里重点培养的后备干部，被推荐去参加区政府组织的乡镇干部培训。毕业后，马新明开始做生意，先是推销电池。2006年，他在浙江金华宾虹广场开了一家运动鞋专卖店。算得上是比较成功了。平时生意忙，很少回家，逢年过节才回来。

但是，后来因为证照不全，加上他所租的铺面又面临拆迁，不得不撤了店，自己又出去打工。当惯了老板再来打工，马新明的心理很不平衡，总觉得是社会不公，才导致自己这样的。后来，马新明和妻子的婚姻也出了问题，花光了所有积蓄还是未能挽回妻子。马新明对社会彻底失望了，他开始仇视社会。他觉得社会太不公平，他要报复社会，要把自己的痛苦也加到别人的身上。

马新明从边境购得一支手枪及子弹 14 发，在商场的停车场中开始了他报复社会的计划。马新明在停车场里，劫持了刚刚看完电影准备取车回家的情侣朱某和王某。当被害人小朱和他的女友一起看电影出来，走到雷克萨斯车边。马新明用枪顶住小朱后背，上车后便将两个人用手铐铐起来，强迫二人坐到车后座上，搜身搜到了 3000 多元。随即又抢走了银行卡。

他开车到了一处 ATM 取款机逼迫王某和朱某取钱，然而取款机却因故障未能取出现金。于是马新明继续开车逃窜，中途由于车子没油熄火在路边。于是马新明开枪将朱、王二人打死在立交桥下的小路上，随后丢下车子和尸体离开。随后马新明准备好潜逃的工具，开车往江西方向逃去。在上饶铅山取钱后，他没再上高速，经过武夷山他把车牌扔掉了，又上了开往广东揭阳的高速。随后遭遇揭阳高速交警盘查，马新明再次开了枪。他对两名交警连开 6 枪，枪枪致命，手段极其残忍。

最终马新明在厦门被捕，本来这件事情到此便画上了一个句号，然而马新明在被捕后的表现却更加让人深思。他在被捕后面带微笑，情绪镇定放松，他的笑容若是出现在其他场合还有那么一点儿迷人，然而此时这笑容却让人看着毛骨悚然。这种表现证明，马新明并不在乎自己的生命，更不在乎别人的生命。马新明在审讯期间透露，自己希望成为一名杀手，借此报复社会的不公。

最终,他以故意杀人罪被判处死刑,结束了自己的一生。

其实,仔细分析马新明犯案的背后,正是反社会人格障碍在捣鬼。由于自己的理想未能实现,事业的压力、婚姻的不顺让他渐渐地开始仇视这个社会。他一系列的恶劣行为都表明了一种反社会的倾向。

其实每一个在外打工的农民工,都会有各种各样的心理问题,也会受到一些不公正的待遇。其实也不仅仅是农民工,任何人都可能会遇到一些不公平不公正的事。世界上哪里会有绝对的公平呢?关键在于我们怎样去看待,怎样去调适,要学会宽容,学会淡定,学会平和地看待世界的一切,这样才能更好地融入社会,而不是反社会。当我们发现自己开始变得冷漠,对社会充满了抱怨,开始无视社会规范时,我们就要警惕是否已经出现反社会人格障碍。

要想通过心理调适来克服反社会人格,就需要我们首先对我们生活的社会有一个全面、正确的认识。当我们遇到困难、挫折,遇到不公平的待遇时,我们应当想想在这社会中的其他人,他们也同样有着困难,只是这些困难我们未必看得到。在社会中生活,我们要学会适应,面对困难、挫折时要坚信这个社会其实是美好的,只是我们自己做得还不够。而面对不公平的待遇时,要理性地思考,使用法律的武器保护自己。

7. 这些心理疾病需要治疗

严格说来,心理问题人人都有,像愤怒、自卑、空虚等心理,不论是谁都会有,只要注意自我调适,一般不会有什么大问题,也不会影响到我们正常的生活和工作，更不用担心会有严重的后果，也不必治疗，就会自我缓解和修复。但是，有些心理疾病，却会引起相当严重的后果，一定要找医生治疗，尽早恢复健康。否则，就会产生严重的后果。比如，抑郁症是必须重视的心理疾病，必须尽早看医生并接受治疗。不然会引发自杀或其他严重的后果。

心理问题严重到一定程度后就会变成心理疾病。这种心理疾病是指一个人由于心理上的干扰而使自己思维上、情感上和行为上发生了偏离社会生活规范轨道的现象。心理和行为上偏离社会生活规范程度越厉害，心理疾病也就愈严重。

心理疾病与生理疾病一样，都是需要进行及时治疗的，心理疾病如果不能得到及时的治疗后果也非常严重。心理疾病会逐渐蚕食我们的自我意识，一旦自我意识消失，心理疾病就会上升为精神病，而精神病在目前基本被认定为终生不可治愈，只能在精神病医院中度过余生。

作为农民工群体，平时较大的工作和生活压力可能让我们忽视心理上产生的问题，进而形成心理疾病。在我们或是我们的家人已经意识到这一点时，一定要及时积极地就医进行治疗，还自己一个健康的心理。

心理疾病之一：妄想症

齐齐是一位来自农村的打工妹，由于受过一定的高等教育，她在一所学校担任中学语文教师。齐齐长相甜美，气质文雅，在学校深受学生的爱戴。然而，每天完成工作后，齐齐却像变了一个人一样，完全不是平时的模样。她在日常的生活中精神总是处于高度的紧张状态，经常做一些古怪的表情，并且把自己的形象搞得乱糟糟的，并且什么时候都要“夹着尾巴做人”，好像有什么不可告人的事情。

最近，她所在的语文调研组更换了组长，而新组长是她原来的同学，她害怕原来的组长认为是她从中捣鬼，怕受到迫害，整天惶惶不可终日。其实对于这件事情，她在之前根本就不知道，也不太关心。

后来她愈发地觉得自己患有严重的心理疾病，于是去进行了心理咨询，道出了一些早期的不愉快经历。她结婚结得很晚。觉得没人会和她结婚。齐齐的父亲是罪犯，母亲后来也离她而去，家庭条件非常艰苦。在结婚前她在工厂干过清渣工，被拾破烂的农民轮奸过。她经常怀疑别人知道这些底细，总是不敢正视别人。想到那些事，就非常恐慌。

由于不愉快的早期经历，齐齐的心理受到了极大的伤害，加之后来没有进行有效的调节，渐渐发展成为了心理疾病。但是由于就医及时，在医生和她自己的共同努力下，最终成功地战胜了病魔。现在，她依旧是一名在讲台上的优秀人民教师，每天神采奕奕、容光焕发。

齐齐的案例是典型的妄想症，是一种非常常见的心理疾病。妄想症主要表现在内心被一种荒谬、虚幻并且恐惧的想象所占据。妄想症主要是由于惩罚、虐待、职责等精神刺激所造成的严重后果。

作为外出打工的农民工，幼年和青年时期在农村环境下生活，不良的教育方式和闭塞的环境往往会带来非常不愉快的经历，有这些经历的农民工朋友就更要注意自己的心理状态，一旦出现没有缘由脱离实际的想象，一定要及时就医进行治疗。妄想症是精神分裂症的前兆，而精神分裂症是最为严重的心理疾病之一。为了我们拥有一个健康的心理迎接美好的未来，一定要关注这一心理疾病，将其尽早遏制在萌芽阶段。

心理疾病之二：强迫症

王某是一名从农村走出来的大学生，由于优异的学习成绩和吃苦耐劳的精神在毕业后被一家大型企业的老板聘用。经过5年的不懈努力已经成为了总经理最信任的秘书。他每天都积极工作但是每天一下班就会出现恐慌，很怕老板第二天把他开了。因此每天工作到很晚才敢回家，他经常在睡梦中梦到被领导开除的场景。

最近一段时间他在工作中经常害怕出错，无论领导让他做什么工作，他都担心自己做不好。每当和领导在一起时，他就紧张得满脸通红，因为害怕领导安排的事没有做好而受到领导的批评。

现在发展成每当领导让他起草一份文件时，就会出现恐惧，很怕出现错误的现象，他经常反复地校对，明知道没有错误的地方，但是还会反复地校对。甚至已经交给领导了他还会紧张得要命，总是害怕领导对他写的文件不满意，他坐立不安什么事也做不下去，一听到电话铃声就会心慌气短浑身冒虚汗，但总是虚惊一场。

王某现在已经发展成为不敢上班，在单位里每天都是度日如年。朋友和家人劝他去找心理专家求助，经过医生诊断被认定为强迫症，在积极配合医生的治疗后，王某已经成功康复回到了工作岗位。

对于工作认真负责是非常好的品质，但是如果这种认真发展到了过分的程度，就会像王某一样形成强迫行为，久而久之就会患上强迫症。强迫症是指心理出现一种缺乏意义重复出现的观念或者情绪，例如总觉得门没有关好，总觉得落下东西没有拿。并且会无法克制地从行为上去证实自己的观念。

作为远离家乡来打工的农民工朋友来说，得到一份工作很不容易，平时更是小心谨慎地去应付工作中的一切。但是这种久而久之的小心很容易影响心理，慢慢形成强迫行为最终导致强迫症。

其实避免强迫行为发生也是很简单的。首先，我们要在思想上认识到所有人都会犯错误，并不是由我们主观上的不在意所导致的错误是能够得到原谅的。其次，如果我们总是怕自己会遗漏什么事情，可以养成用笔记录的好习惯。俗话说“好记性不如烂笔头”，记下需要做的事情逐一去核对就可以有效避免强迫行为的发生。

心理疾病之三：抑郁症

邢某是一个性格内向的人，由于出生于农村，家境贫寒，初到城市中生活的他总是被周围人歧视。渐渐地，他的性格开始变得内向，不太爱与人沟通，脑子里总是胡思乱想。他觉得周围的人都瞧不起他，把他当成怪人，胡思乱想，故意装酷。他并没有抗议，因为小时候他也经常被人瞧不起，成绩不是很好又调皮并且还有些小气。

邢某为此也曾经努力过，想过一种理想的生活，每天起早贪黑努力工作。可是他发现生活还是很糟糕，连续几年不停地换工作，慢慢与人相处也变得很困难，处理事情也情绪化。他不停地自责、不断地懊悔，可是情况依旧没有改变。

“我不知道这是什么原因，我也不知道该怎么办。”他总是自言自语地这样说。他感觉情感越来越陌生，亲情越来越淡薄，对亲人失去了儿时的依恋，常常抱怨他们对他不够理解，对他们的好心表示怀疑，经常冷嘲热讽。他感到越来越感觉孤独、寂寞，每天都处在凄凉之中。

每每有这种感受时他幻想回到童年，再过那种兄弟姐妹嘻嘻哈哈、打打闹闹的生活，可是现实生活很残酷，他失去了感情、亲情、友情甚至爱情，他甚至开始认为这些仿佛是很遥远、很奢侈、可望而不可即的事情。

由于这种抑郁情绪的影响，邢某在工作中不能积极主动去做事情，只想每天躺着，不断咀嚼失望、无奈和压抑的痛苦，他最终连工作都失去了。失去工作后，他更是每天都沉浸在痛苦中，已经完全失去了快乐的情绪。后来，他开始觉得工作其实也没有什么意义，做任何事情都没有意义。他不能理解为何别人能如此忙碌还每天开开心心，他认为自己是一个无用之人，根本不配享受生活。

最终家人发现了邢某的异常行为并送他去心理诊所接受治疗。经过多次的治疗与抗抑郁药物的作用，邢某渐渐地摆脱了抑郁症的困扰逐渐回到了生活的正轨上。

邢某作为一名从农村到城市的务工人员，歧视与嘲笑将他逼入了抑郁的绝境，最终患上了抑郁症。我想很多农民工朋友也一定遇到过同样的情况，因此一定要注意心中抑郁情绪的产生，避免因长时间的抑郁而导致抑郁症的发生。

抑郁症的主要表现是心理持续的低落，对任何事情都提不起兴趣。这种情况如果持续一年以上，我们就最好去寻求医生的帮助，看自己是否患有抑郁症。抑郁症是非常普遍的心理疾病，也是自杀率最高的心理疾病之一。所以我们更要警惕它的出现，在患病初期进行有效的治疗，防止病情恶化造成恶性后果。

防止抑郁症的发生主要是保持一个积极的心态。作为背井离乡的打工者，新环境中不可避免地会有一些歧视、排斥等消极因素。面对这些消极因素，我们不但不能够被它影响，反而应该利用这些消极因素来激发自己心中的斗志，让自己时刻保有一颗积极、阳光的心。

除了上面这些问题，还需要特别提醒农民工朋友，如果下面所列的这些症状出现时间较长，也要及时去看医生：

(1)睡眠障碍

入睡困难、早醒、多梦、易醒、醒后不能再入睡、夜惊、夜游、梦魇(经常被噩梦惊醒)。

(2)情绪障碍

持续的心情低落、情绪消极、兴趣减退、身体不适或消瘦、话少、活动减少，情绪高涨、高兴愉悦甚至欣喜若狂，易恼怒、脾气急躁、言语多、自我评价高或夸大、行为鲁莽、睡眠减少而精力充沛。

(3)应激相关障碍

由于强大的精神刺激或持续不断的不愉快处境导致抑郁、焦虑、害怕情绪,警惕性增高、过分担心,遇到与刺激相似环境感到痛苦。

(4)精神障碍

思维特殊、有时逻辑推理荒谬离奇,或言语中心思想令人无法琢磨、行为异常、自言自语、表情淡漠、疏远亲人、生活懒散,部分病人有敌意、冲动,此类病人多不认为自己得病。

(5)焦虑障碍

莫名其妙地紧张、恐惧、坐立不安,不时心慌出汗,症状突然出现或突然消失、症状出现前不可预测。

(6)强迫障碍

明知没必要却控制不住情绪、观念和动作,如反复询问、反复想一件事情,反复洗手、反复检查、重复做某一动作,患者为此痛苦不堪,却无法控制。

(7)恐惧障碍

患者对某种环境、任务或物体产生强烈的恐惧,明明知道过分害怕不合情理,但不能克服,多用逃避方式应付恐惧。

(8)疑病障碍

过分关注自己的身体健康,过多担心或相信自己患某种严重躯体疾病,反复就医检查。医生解释和医学检查的结果不能打消其顾虑,即使身体有某种器质性病变,也不能解释患者所诉症状的性质和程度。

(9)疼痛障碍

持续、严重的疼痛,疼痛不能用生理现象或躯体疾病做出合理解释,情绪冲突或心理社会因素直接导致疼痛的发生。经检查未发现产生疼痛相应的躯体病变。

(10)神经衰弱

精神易兴奋却又易疲劳,多表现为紧张、烦恼、易激怒及肌肉紧张性疼痛和睡眠障碍。

(11)进食障碍

这有两种状况，一种是神经性厌食：多伴有神经性呕吐，多表现在爱美的青少年女性身上，为减肥美体故意限制饮食，回避可导致发胖的食物，自我诱发呕吐、自我诱发排便、过度运动或服用利尿剂，导致厌食、消瘦、闭经、虚弱。

另一种是神经性贪食：患者有反复发作和不可抗拒的摄食欲望及暴食行为。有担心发胖的恐惧心理，常采取引吐、导泄、禁食等方法消除暴食引起的发胖，神经性贪食者常有神经性厌食病史。

(12)器质性精神障碍

有明确的躯体疾病或脑部疾病，如冠心病、糖尿病、慢性支气管哮喘、肝脏疾病、慢性肾衰竭、脑血管疾病等。实验室检查异常，结果肯定。同时伴有智力下降、记忆力减退、个性改变、意识障碍以及兴奋、躁动、胡言乱语、易喜易怒、情感脆弱等。患者的日常生活、人际交往、工作、学习能力受损。

(13)性心理障碍

阳痿早泄、性冷淡、异装癖、恋物癖、窥阴癖、露阴癖。

(14)长期抑郁寡欢

如果有以上所述14种症状，应尽早找心理医生诊治，以免让心理问题严重地损害身体健康。

8. 有健康的心理才能与成功有约，与幸福邂逅

心理健康越来越多地被人挂在嘴边，成为了当今社会人们关注的重点。如果我们读过一些名人事迹就不难发现，健康的心理往往与成功和

幸福是有着密切联系的。究其原因，心理是指导我们行为的主要因素之一，有了健康的心理才能够让我们在行为上更加得当，最终逐步走向成功与幸福。

人的一生，获得事业成功和幸福快乐的生活，都始于健康的心理，心理健康是人生道路上的航标，幸福快乐的源泉，延年益寿的良药。因此，活出一个好心情，拥有一个健康的心理，才能善待他人，珍惜生命，热爱生活，顺应现代社会竞争激烈瞬息万变的环境。才能正确对待成功与挫折、与人和谐相处，同时也是预防疾病、战胜疾病、获得人生幸福与快乐的保障，才能与成功有约，与幸福邂逅。

曾经有一个年轻人，起草了一份幸福清单，上面列着：健康、美貌、才智、爱情、权力、财富、成功。当他把这份幸福清单交给一位睿智的长者，长者却告诉他："你少了一样最重要的东西。""那是什么？"他问。长者告诉他："是健康快乐的心灵，这是上天赐予人类的最高赏赐。"有了它，你的生活无论是艰难坎坷、充满荆棘，还是一帆风顺、艳阳高照，你都不会被压垮，无论你的际遇如何，你都能执著坦然地向着自己的目标走去。

人的一生，无论是年轻、年老，富贵、贫穷，显赫、平凡，都会遇到这样或那样的挫折和困难，都会有许多令人烦恼的事情。特别是在当今这个飞速发展、竞争激烈的时代，我们每个人都感受着巨大的压力。直到心力交瘁，直到我们被失眠折磨得头昏脑涨，被抑郁压抑得痛不欲生，被焦虑洗刷得无法安宁，这时我们可能才开始追问：为什么我感受不到快乐？为什么钱越挣越多，但我却越来越不幸福？为什么生活越来越好，心情却越来越糟？为什么房子越住越大，心却越来越空？以前的快乐到哪儿去了？

生活质量的高低与心理健康有很大关系，生活质量最关键的是心理健康。生活质量的高低很大程度上取决于个人的满足感，而不是取决于物质。我们往往看到别人生活很幸福，吃的山珍海味，住大房子开名车，看起来好像生活质量很高，但其实不然，很富有的人自杀的也有很多例子。个人感受来源于健康的心理状态，如果心理状态有问题或者有缺陷，那就不会有高质量的生活和幸福感。就像一个人如果身体上有病，再有好吃的东西他也吃不下，他无法享受到美味带给他的快乐体验，而心理上的疾病比身体上的疾病更为严重。保持一种愉快的、自我调节的心态，一种乐观、积极向上、包容的心态是心理健康的一个方面。有的人因为过去的一些经历始终摆脱不了阴影，比如说一次学车学不会，就会觉得整个人生失败，这就是心理不健康不成熟的表现。我们经常看到许多有钱人生活不一定幸福，而一些穷人也有自己的穷快活。只有心理健康，才能享受到生活的幸福。

很多“老寿星”都与他们心情舒畅、心胸宽广，对生活充满信心，对人生抱有希望这样一个健康向上的心理分不开。

我国古代最著名的思想家、教育家孔子，在比较艰苦的生活环境中，能够活到70多岁的高龄，实属古来稀，其长寿的原因之一是注重心理健康。他主张，人在老年时要把名利看得淡一些，更不要在身体虚弱时还竭力去追求名利，因为这样得到的往往是苦恼和烦闷，甚至是疾病。他特别欣赏清心寡欲精神状态的人，如对颜回的“一箪食，一瓢饮，在陋巷，人不堪其忧，回也不改其乐”表示称赞道：“贤哉，回也。”孔子最反对患得患失、怨天尤人的精神状态，提倡心胸坦荡、刚毅坚强。

心理健康是快乐的幸福人生的密码。人的一生，都可能遭遇情场失意、官场失位、商场失利等方面的打击，也都有过幸福时的欢乐、顺利时的激动、委屈时的苦闷、挫折时的悲观、选择时的彷徨，这就是人生。人生总是酸、甜、苦、辣都会遇到的，不可能一直充满阳光，更不可能一帆风顺。面对人生的种种考验，有人欢笑有人愁。欢笑者，对生活充满一种幸福感，忧愁者，对生活失去信心，孤独苦闷长相随，甚至患上抑郁症。其实，幸福与快乐就是一种感觉，是一种心情。外部环境虽然有一定的因素，内心世界才是决定因素，无论是兴高采烈，或是孤独苦闷，主要由自己的心理、自己的态度来支配。事物本身只能影响人的态度，并不直接影响人的心情，如果说影响情绪，也是受不良心理的影响。

只有心理健康，幸福快乐才可能长驻。如果心理不健康，即使有山珍海味，金钱权势，内心仍然可能痛苦、凄凉。如果拥有一个健康的心理，会使人积极地面对一切，遇到忧愁会及时化解，遇到苦闷能积极消除，总是以乐观向上的心态，获得满足感、幸福感。所以说健康的心理是幸福快乐的源泉。

健康的心理也是成功的前提。无论我们做什么样的工作，有着什么样的理想，要实现理想，没有健康的心理显然是不行的。只有心理强大，心理健康，才能与成功相约。

小章的家乡在一个贫困的县城，他希望能靠自己的努力能使家庭摆脱穷困的窘境，于是他选择了到城市打工。文化水平不高，也没有太多特长的他，选择了一份推销的工作，希望能够通过自己的努力在这个行业中闯出属于自己的一片天地。

然而，工作一段时间后，小章却发现自己的业绩平平，原来推销员这个工作，并不是仅仅吃苦耐劳就能够干得好的。小章发现自己在推销的过程中，一旦受到他人的冷言冷语或是直接的拒绝，他就会在心中积下怨气，久而久之，他的推销思路和推销理念都被这股怨气给掩埋了。

于是，他开始反思自己的问题，发现自己的心理总是容易积攒一些消极的情绪，难以积极地去工作。针对这种情况，他开始不断地进行自我暗示，将消极的情绪积极化。例如，他在受到他人的拒绝时，不是想着别人对我有敌意，而是积极地想自己在与客户接触沟通的时候还有哪里做得不到位才产生了隔阂。

就在小章的方法初见成效不久，他就接到了一项艰巨的任务。这项任务着实让他“头疼”。他将面对的渠道商非常棘手，在他之前好几个人都碰了钉子，任你说破了嘴皮子人家也不做他们的推销品牌。“又是你们?”当小章见到客户代表时，代表有些不耐烦，“你走吧！你们的价格太贵，况且我早就和南京合作了。以后也别再打我的主意了!”小章第一次来就碰了一鼻子灰，但是这次他没有选择被消极的情绪控制，他没有委屈更没有埋怨，只是想办法来啃这块“硬骨头”。

隔了几天，他第二次去找他，希望这次能有机会与对方的业务代表“套套近乎”。小章到达客户公司时，公司只有业务代表一个人在，刚到的一车电脑他一个人在搬。小章意识到，机会来了。他立即放下公文包挽起袖子就帮忙一起搬起来，而客户代表看到他的行为硬着喉咙说不要他帮忙，可小章没理会，将一车电脑全部搬完转身就离开了，没选择像像膏药似的粘着客户代表。又隔了几天，小章第三次去他那儿，这也是他攻破城池的一天。这次小章发现他们公司在搞装潢，于是又帮助他们将新买的办公桌及展示台等物品一一搬进去，累得满头大汗。收拾完毕后，业务代表终于开口了：“你先放一部分货吧，我试销看看!”经过不懈的努力，小章终于打开了一个突破口。

假如小章不是及时的调整了心态，以一个积极、健康的心理面对自己的工作，那么他就不可能会对这个对他百般拒绝的业务代表有如此大的耐心，不可能去帮助这个业务代表，也就不可能最终打开这个突破口。对于我们这些在城市中打拼的农民工，我们在工作中、生活中可能也会遇到各种各样的不顺心，此时如果能够保持一个健康的心理，就会对我们克服这些困难有着极大的帮助。一个健康的心理能够让我们以更积极的心态去面对所发生的一切，不会由于消极的内心而过早地“宣判”自己，为自己留下创造更多可能的机会。

三个工人在砌一面墙。有一个好管闲事的人过来问:“你们在干什么?”

第一个工人爱答不理地说:“没看见吗? 我在砌墙。”

第二个工人抬头看了一眼好管闲事的人,说:“我们在盖一幢楼房。”

第三个工人真诚而又自信地说:“我们在建一座城市。”

十年后,第一个人在另一个工地上砌墙;第二个人坐在办公室中画图纸,他成了工程师;第三个人呢,成了一家房地产公司的总裁,是前两个人的老板。

短短十年时间,是什么造就了他们之间巨大的差异? 作为社会最底层的农民工,也许我们也做着像砌墙一样不起眼的工作。但是,如果我们有着一个健康的心理,就能够用积极的态度去面对我们现在的“卑微”,最终让我们走得更高、更远。“态度决定一切”,而心理很大程度上决定了态度。因此,一个健康的心理不但能够从行为上让我们迈向成功与幸福,更能够从态度上让我们更近一步。

从家乡来到城市打工,面对着一些人的歧视、讽刺,如果我们有一个健康的心理去包容这一切,就不会给我们带来痛苦、愤怒这些消极情绪,我们的生活自然会越来越幸福。

也许我们不能够像这些名人一样获得如此巨大的成就,但一个健康的心理依旧能够让我们过上比现在更好的生活,对于我们来说这就是很大的成功。拥有一个健康的心理,我们会拥有更美好的生活。

第二章

培养阳光心态，

出门在外要有好心态

1.

在外务工，好心态才有好状态

不知道大家有没有这样的体会：当我们以一个好的心态去面对人生时，即使有再大的困难我们都能够去笑着面对；而如果心态不好，即使生活再好我们也不会感到快乐，并且对生活失去信心。

这其实就是心态的作用。对于在外务工的我们，有时生活压力会比其他人更大。面对生活，如果我们有一个好的、积极的心态，就能够在一定程度上减轻身体和心理上的疲劳程度，让心情更加轻松、愉快。

十几年前，一个年轻人从偏远的家乡来到北京工作。上班的第一天，与他邻桌的女同事第一句话就问他："你从哪里来？"而这个问题正是他忌讳的。因为在他的逻辑里，出生于小城就意味着小家之气，没见过世面而肯定被那些来自大城市的同学看不起。就因为这个问题，使他一个学期都不敢和同班的女同学讲话，以致一个学期结束的时候，很多同班的女同学都不认识他。

很长的一段时间，这种心态占据着他的心灵，最明显的体现就是每次照相，他都下意识地戴上一副大墨镜，以掩饰自己的内心。

很快地他发现，如果继续这样下去自己将会彻底地脱离开人群，于是他力图改变。首先，他开始努力让自己不去在意出身，还在同事面前大方地讲述着自己家乡的种种事情。渐渐地他发现，其实同学们并不会嘲笑他的出身，反而对他家乡的事情极为感兴趣，他也慢慢与同学们建立起了深厚的友谊。

后来他发现，他不但不再因为自己的出身而自卑，反而在与同事的交流中锻炼出了极强的语言表达能力，自信从容的好心态也让他的生活变得更加快乐。直到现在他还经常和朋友开玩笑地说："我是一名外地务工人员，其实就是一个高级农民工。"

他现在是央视著名主持人，经常对着电视机前的几亿观众侃侃而谈，对人生的好心态也让众多人争先效仿，他叫白岩松。

由此可见，好的心态的重要性。一个好的心态，很大程度上决定着一个人在一段时期内的人生走向。好的心态演绎成功，创造人生，是生命的阳光和雨露，它能让人有着无穷的动力去拼搏去努力。而不好的心态则是我们成功的"慢性杀手"，它会让人在本就艰苦的生活中把困难无限放大，以至于内心消极而无法自拔。如果人生是一片浩瀚的海洋，那么好的心态就是引导我们前进的灯塔，使人在暴风雨中，永远都不会迷失自己的方向。

当今社会，物质文明、精神文明正在不断朝前飞速发展。生存压力、就业竞争力远远超过我们以前的任何一个时期。作为农民工的我们要想改变自己的命运就更需要以一个好心态去奋斗，去承受压力挑战自己，去创造成功。

2.

培养积极心态，快速适应城市生活

对于在外务工的农民工，摆在我们面前一个很大的问题便是如何快速地适应城市的生活。相较于我们的家乡，大城市的生活节奏更加紧凑，需要接受的新事物、新思想也很多，如何能够快速地适应这一变化是我们能否在城市中正常健康生活的关键。

在面对这一突如其来的环境变化时，我们一定要保持一个积极的心态，这样才能够让我们在遇到困难时做出更准确的判断，并且能够理性地去应对。在适应城市生活的过程中，我们可能由于无法适应城市的快节奏而感觉跟不上其他人的脚步；可能会由于起步的水平较低而产生与他人的巨大差距；可能会由于接触的环境不同，缺乏共同语言，在知识层面也更为薄弱。但是，这一切其实都没什么大不了。培养一个积极的心态，去迎接城市生活，去学习与人交流，去努力提高自己的地位，一切都会比你想得更加轻松自如。

张然是一名从农村来到上海打工的普通打工妹，刚刚来到上海的她被大城市的繁荣所吸引，然而也被这突如其来的变化搞得无所适从。幸好她很快找到了一份收入稳定的工作，在一家超市做收银员。由于超市并不提供住宿，因此她在周边的小区中与同事一起合租了一间两居室，也算是衣食住行都有了保障。

但是，在日常生活中，张然渐渐地发现她与城市生活之间仿佛产生了一层看不见的墙将她隔阂在外。起初，她并不在意这一切，认为刚接触新的环境不适应是正常现象。然而，3 个月之后她发现这种隔阂并没有消失。她无法适应城市中快节奏的生活方式，每天都倍感疲惫，晚上也开始失眠。并且，城市中很多新事物她适应起来极为困难。

她听说在城市中乘坐公交车需要使用IC卡，于是她就去办理了一张。但是在第一次使用时却闹了笑话。她不知道该如何刷卡，在刷卡机旁边左顾右盼，又不好意思询问他人。直到司机发现了她的异常举动，呵斥她快点刷卡，见她还在犹豫便拿过她的IC卡刷卡后又塞给了她。她感觉非常羞愧，自己居然连公交车都不会坐，她感觉车上的所有人都在嘲笑她，让她无地自容。

随着在城市中的时间越来越长，由于张然自尊心很强不愿意在一些小事上总是询问别人，因此闹出了不少笑话。她更加觉得是自己太笨了，什么都做不好，根本不适合在城市中生活。生活中的不顺利让她在工作中也心浮气躁。她经常莫名其妙地发脾气，跟超市的顾客吵架。为此，主管多次找她谈话要求她改变一下脾气。而她却认为是主管歧视她是农村来的，故意刁难她。

她的内心变得越来越消极，更难以适应城市的生活。最终她的心理防线彻底崩溃，认为自己根本不可能在城市中正常地生活，只得辞掉工作返回了家乡。

张然的情况就是典型的由于消极心理导致恶性循环最终难以适应城市生活的例子。对于面临同样问题的我们，一定要吸取她的教训，不要形成恶性循环。终止这种恶性循环的关键就是要有一个积极的心态。这样就能够让我们在面对适应城市生活中的种种困难时合理地去思考，去解决，而不是一味地消极逃避。积极的心态也能够让我们更加大方地去向他人求助，而不是“死要面子活受罪”。

刘玲也同样也是一名来自农村到大城市寻求更好发展机会

的打工妹，在酒店前台工作的她面对着在城市中生活的种种不适应，她想出了一套行之有效的应对方法。

首先，她让自己学会了“厚脸皮”，再平常的小事，只要是自己不会的，她都会虚心地向她人请教。刚刚在酒店前台工作的她不会使用电脑，甚至连开关机都不知道如何操作。她向同事虚心请教，从最基本的操作开始。不到一个月的时间，她就在同事的帮助下能够较为熟练地使用电脑为客户办理入住的各项手续，并且还学会了开发票。

其次，在生活中她努力让自己更加自信，不要过于在意自己是农村出身。她在租住的小区内主动地和邻居攀谈，去了解在城市中生活的一些关键要素。并且她还乐于助人，在小区内建立了良好的人际关系，大家也都非常愿意帮助她。她发现只要自己敞开心扉，周围的人其实都非常友善，非常好接触。

最后，她还努力恶补自己的文化知识，缩短自己与他人的差距。面对突如其来的庞大信息量她并没有被吓倒，反而鼓励自己：以前没有机会去学习，正好趁现在这个机会弥补自己之前的损失，这是一件多好的事情啊。

由于不管做什么事情，她都以一个积极的心态去面对，很快地她就适应了城市的生活，在别人看来，她好像从小就生活在城市中一样。并且，她积极的心态被领班所察觉，决定培养她作为自己的接班人，她的事业也蒸蒸日上。

刘玲的例子可以说是给我们一个很好的榜样。通过将自己的心态调整得更加积极，她总是能够在面对困难时做出最为正确的选择。并且这种积极的心态也让周围的人更加关注她，让她在工作和生活中得到了更多的帮助。

同样作为农民工一员的我们，在面临适应城市生活的问题时，也应当合理地调整自己的心态，让自己更快地去适应生活，改变人生。我们可以尝试以下的一些方法来让自己拥有更积极的心态。

第一，正视自己与城市生活格格不入的现实情况。

当我们刚刚从农村走入城市时，不能适应城市的生活是非常正常的。不要把这种正常的情况当做是一种丢脸的事情。只有我们摆正心态，正视它的存在时，我们才能更积极地去应对。

第二，学会寻求他人的帮助。

在新的环境中生活，他人的帮助是必不可少的。正所谓“远亲不如近邻”，我们可以从邻居入手，跟自己的邻居维系良好的关系。向在城市中生活时间比较长的邻居请教一些基本的生活常识问题，平时也要多与他们聊天，丰富自己对于城市的认识。出门在外时，要敢于寻求陌生人的帮助，大部分人是非常乐意帮助别人的。

第三，一步步向前走，逐个克服困难。

在面对一个完全崭新的生活环境时，我们会遇到很多很多的困难。无论是任何人，面对这些困难都需要逐一地去处理。不要想“一口吃成个胖子”，在有些问题暂时无法解决时要以积极的心态去面对，不要怀疑自己的能力，这其实才是正常的情况。将自己的心态放平稳，不要急于求成，要相信我们很快就可以适应城市的生活。

第四，我们不可能让世界上所有的人都喜欢。

一个人即使在自己非常熟悉的环境和圈子里，也偶尔会受到排斥，更何况刚刚进入城市生活环境中的我们。在面对歧视和不理解时，我们不要为他人所动摇，学会客观地评价自己。千万不要因为他人的话而改变对自己的正确认识，毕竟你不可能要求所有人都喜欢我们，总会有人讨厌我们就像我们也会讨厌某些人一样。

3.

微笑生活，时刻保持乐观心态

乐观是人们最为积极的心理因素之一。乐观让我们在无论什么情况下都能够保持健康的心理状态。对于背井离乡艰苦拼搏的我们，乐观更是不可或缺的心态。在艰苦的生活条件下，唯有乐观才能够让我们坚信一切困难都会过去，阳光总在风雨后。

乐观其实并不是每天挂着笑脸，而是心里要有一个美好的信念。我们的内心一定要相信一些好的东西，这样才能够让我们的笑容更加灿烂。人生中会遇到很多难以预料的事情，而一个乐观的心态能够让我们在面对任何变化时，都能够有一个积极向上的人生态度，这是成功和幸福的要诀之一，也是心理健康的可靠标志。

安迪出生在一个农民家庭，由于家境贫寒，从小便吃尽了缺衣少食和受人藐视的苦头，他发誓要出人头地。在上学期间安迪便表现出了他的商业天才，他会在市场上买来各种半导体零件，经过组装后低价卖给同学，他只从中赚取手续费。由于他组装的半导体比原装的便宜很多，而质量却不相上下，所以在学校里很走俏。他的学习成绩也异常优秀，他的好学与经商的聪明才智，得到了老师的表扬。可是谁也想不到，他竟是个极度悲观的人，也许是受贫困的家境影响，凡事他都爱走极端，这在他以后步入城市自主创业的路途上就表现了出来。

那是安迪第三次破产后的一个黄昏，他离开了城市一个人漫步在家乡的河边，他从早早去世的父母，想到了自己辛苦打拼的基业一次次的破产，内心充满了阴云。悲痛不已的他在号啕大哭一番后，正望着滔滔的河水发呆，他想如果他就这样跳下去的话，很快就会得到解脱，世间的一切烦愁都与他无关了。突然，对岸走来一位憨头憨脑的青年，他背着一个鱼篓，哼着歌从桥上走了过来，他叫穆尔。安迪被穆尔快乐的情绪感染，便问他："先生，你今天捕了很多鱼吗？"穆尔回答："没有啊，我今天一条鱼都没捕到。"穆尔边说边将鱼篓放了下来，果然空空如也。安迪不解地问："你既然一无所获，那为什么还这么高兴呢？"穆尔乐呵呵地说："我捕鱼不全是为了赚钱，而是为了享受捕鱼的过程，你难道没有觉得被晚霞渲染过的河水比平时更加美丽吗？"一句话让安迪豁然开朗，于是，这个对生意一窍不通的渔夫穆尔，在安迪的再三央求下成为了他的贴身助理。

很快，公司奇迹般地再次崛起，安迪也从一个农民摇身一变成了美国巨富。在创业的数年间，公司的股东和技术精英不止一次地向总裁安迪提出质疑，那个没有半点半导体知识、毫无经商才能可以说是一个农民工的穆尔，真的值得如此重用吗？

每当听到这样的问题，安迪总是冷静地说："是的，他确实什么都不懂，而我也不缺少智慧和经商的才能，更不缺少技术，我缺少的只是他面对苦难的豁达心胸和面对人生的乐观态度，而他的这种豁达心胸和乐观态度，总能让我受到感染而不至于做出错误的决策。"

安迪后来成为了美国《时代》周刊的风云人物。在上个世纪70年代，他和他的得力助手穆尔创造了半导体产业的神话直至今日，他们的公司——英特尔依旧在计算机领域占据着龙头地位。

说了这么多，如何才能够更好地培养乐观心态呢？

第一，乐观需要慢慢培养。

如果目前的我们缺乏乐观的心态，就需要从细微的事情做起，慢慢培养。心态很大程度上取决于心理，心理上的变化是循序渐进的。千万不要急于求成，过快的心理变化会对心理健康产生不良影响。首先从一些小事上学着乐观，最后再慢慢发展到绝大部分的事情上。

第二，换一个角度看世界。

对于外出打工的我们，遇到各种各样的麻烦、挫折是再平常不过的。面对这些困难时，我们一定要从自身找原因，而不是去强调客观的因素。即使客观因素再不利，我们也可以把这当做是考验，人只有经受住了考验才能够走向成功，这难道不是好事儿吗？从一个旁观者的角度去看世界，你会发现其实这个世界很公平，大家都在面临着各种各样的问题。以乐观的态度去解决问题，一切自然会变得更加美好。

第三，让自己每天都笑一笑。

这看起来可能让人不能理解，每天笑一笑就能够让自己更乐观吗？负责任地告诉大家，这真的可以。人的行为对心理有着很强的反作用，常开怀大笑的人绝对要比整天板着脸的人更容易养成乐观的态度。因此，试着每天让自己笑一笑，例如去听相声，和朋友互相讲一讲笑话，回到家和家人聊一聊工作中的趣闻，这都是很好的办法。

4. 摒弃消极心态，积极面对困难

人的一生就像是奔流的江河，如果没有礁石就难以激起美妙的浪花。困难就像是这一块块礁石，只要有着积极的心态一往无前，它不但不会成为我们的阻碍，还能够让我们的生命绽放精彩。

卡耐基曾经说过：“人在身处逆境时，适应环境的能力是惊人的。人可以忍受不幸，也可以战胜不幸，因为人有着惊人的潜力，只要发挥这种潜力就一定能战胜困难。"这句话对于每一个人其实都是适用的。作为一名农民工，我们也要相信自己的潜力，用积极的方式去面对困难，我们一定可以战胜它。

玲玲是一个生长在农村的孩子。由于落后的医疗条件，她小时候因为肺炎和猩红热，引发高烧造成小儿麻痹，使得她的左腿萎缩无法走路，必须靠着铁架矫正鞋才能勉强行走。医生曾经说过，她很可能一辈子都无缘体育运动了。

直到她 11 岁时，她才慢慢地适应了穿上铁鞋走路，可以勉强跟上他人。虽然摆在她面前的困难是如此巨大，她依旧笑着对所有人说："你们看，我已经可以走路了，很快我就能够摆脱矫正鞋，我要成为一名运动员。"虽然很多人对这个小女孩的"口出狂言"不以为然，但是她从来没有放弃过努力。

她开始培养自己放弃矫正鞋去参加一些体育运动，虽然肌肉的疼痛让她的表情都有些扭曲，但是她却从未选择逃避。她开始赤脚跟着她的哥哥们打篮球玩耍，渐渐的她通过自己的努力能够正常的行走、奔跑。到了 12 岁那年，她已经完全摆脱了矫正鞋的束缚，像正常人一样。

此时，她的运动天赋开始逐渐的显露出来，她独自选择来到城市中，找到了一家体育培训机构进行系统的专业训练，然而这对她来说又是一个几乎不可能克服的困难。专业体育训练的苛刻和辛苦对于身体健康的人而言都是难以忍受的，更何况曾经患有小儿麻痹留下后遗症的玲玲。她的教练曾经劝她放弃，然而在她心中，她始终积极的面对着种种困难。并且训练完成后，玲玲还要忍受着肌肉的疼痛去餐馆做临时工，以挣取维持专业体育训练的费用。虽然在周围人看来，这个来自农村的女孩的行为有些"不可理喻"，但是玲玲却坚持着自己的梦想。即使是面对再大的困难，她也没有抱怨老天为何如此刁难她，而是把这看成是一种对毅力的磨炼。

终于在16岁那年，她入选了职业田径队伍，并且在一次商业比赛的女子4×100米接力中获得了第三名。在这之后，这个来自农村的小姑娘一发不可收拾，第二年她更是获得100米、200米和4×100米三项第一名。此时，她已经从一个身体上略有残疾的外出打工者摇身一变成为了教练和其他田径队员眼中的短跑健将了。

支持玲玲克服在常人看来不可能克服的困难的正是一颗永远阳光的心，一个永远保持积极的心态。在面对积极心态时，再大的苦难也能够迎刃而解。与玲玲的困难相比，我们在生活、工作中的困难是不是一下就变得不值一提？当我们面对远不如玲玲所面对的困难时，更不应当选择消极逃避或放弃，而是应当摆脱这些消极情绪的控制，学会用积极的心态去面对、解决困难，很多我们看起来根本无法应付的困难，很可能会在我们积极的心态下变得不再“可怕”。

当我们面对困难时，更不应当消极地去逃避、去放弃，摆脱消极心理，用更积极的心态去面对这些困难，有些在我们看来难以应付的问题很快便会迎刃而解。

作为一名普通的农民工，我们也可能会遇到各种各样棘手的困难。在面对这些困难时，我们是否曾经压抑？是否还没有去尝试解决就想着放弃？是否怨天尤人，抱怨命运的不公？当我们产生这些消极心态时，一定要告诉自己，这样是解决不了问题的，只有内心充满阳光，积极地去面对困难才能够更好地解决困难。消极心理就好像阴影，当我们面向阳光时，影子自然就被甩在了身后。

5.

拒绝逃避心态，勇于面对现实与理想的落差

我们每个人心中都会有一个美好的理想。作为一名普通的农民工，我们在来到城市打拼前，心中也肯定充满了对城市生活的憧憬。然而现实却是十分残酷的，城市生活并不会像我们想象得那么好，很多很现实的问题会一下子全部摆在我们面前，甚至让我们忘记了曾经对于城市的向往。

理想与现实总是存在着差距的，只是有时这差距比我们想象得更加巨大。当我们面对残酷的现实时，我们可能会想要逃避。但是我想告诉大家，拒绝逃避的心态，它解决不了任何问题。想想我们为什么远离家乡来到城市拼搏，为了更加美好的生活，逃避只能够让我们停止前进。我们要勇于面对理想与现实的差距，通过努力缩小这个差距，这样才是实现理想的正途。

王某曾经生活在穷困的家乡，为了摆脱世世代代贫穷的命运，他毅然踏上了开往城市的列车。临行前，他对城市生活充满着向往，希望自己找到一份理想的工作，不但能够负担自己的日常开销，还能够寄回家一些钱让家人过上更好的生活。

来到城市之后，王某在火车站旁的一个小旅店中安顿好自己的行李，满心欢喜地开始外出寻找工作。然而，现实并不像他想象得那么美好。没有一技之长的他受到了一次又一次的拒绝，眼看带来的生活费就要用光了却依旧没有找到工作，他受到了很大打击。

他开始躲在自己栖身的小旅店中不再外出，不再去积极地

寻找工作机会，他认为那些老板们并没有给他施展的机会便否定了他，完全是看不起他。他不能接受这个现实，为了不再遭到白眼和拒绝，他选择不再主动去找工作，而是去火车站等待有人来给他一份搬运工的工作。幸运的是，这样一份工作真的让他等来了，可是现实却又一次重重地打击了他。微薄的工资只够支付他最起码的日常开销，根本没有余力再往家里寄钱，可是迫于无奈王某也只能先接受这份差事。

在基本的生计问题得以解决后，王某并没有像他刚来到城市那样充满信心地去寻找属于自己的生活。残酷的现实已经彻底击碎了他的内心，他不想再努力了，开始寻求一些旁门左道的方法来致富。他开始在火车站伺机进行小偷小摸，他认为既然城市里的人都不愿意给他机会，他就要报复他们，去偷来他认为应当属于他的财富。

但是没多久，他就被火车站的警方在反扒行动中抓获，最终被劳教后遣返回了自己的村子。家里的积蓄已经不足以再支付他到城市打工，他只得在这个穷困的小村子中继续着自己的生活。

王某由于不能够面对理想与现实的差距，最终走上了歧途。同样作为农民工的我们，在来到城市打拼的过程中，也会遇到同样的问题。也许一切的过程并不像我们理想中的那么顺利，城市的生活也未必有我们脑海中憧憬得那么美好。可是现实就是现实，我们只有正视它，通过努力让现实与我们的理想渐渐接近，才能够最终获得事业和生活上的成功。

现实再残酷，我们也绝对不能选择逃避。只有努力才能改变现状，逃避只是自欺欺人而已。现实不会因为我们逃避就发生改变，最终我们还要回来面对，那何不从一开始就以一个积极的心态去奋斗，让这种改变更早地发生呢？在面对现实与理想的差距时，我们要适当地调整自己的心理，这样才能避免逃避心理的出现。

首先，在主观意识上不要给自己逃避的机会。

人这一生会遇到很多的不如意，很多时候现实与理想存在着天壤之别。面对这一差距时，心理健康的人会去选择积极应对、力图改变，而心理出现问题的人才会选择逃避。因此，我们要在内心树立起拒绝逃避的信念，不管发生任何事情，都不要给自己选择逃避的机会，告诉自己：我必须去面对。

其次，主动地去改变现状而不是被动地去接受。

如果现实总是不如意，我们应当从自身出发，看看是不是自己做得还不够。竭尽全力地去拼搏，我相信生活一定会朝着更好的方向前进。有时候，被动地接受就等于逃避。

有一天，某个农夫的一头驴子，不小心掉进一口枯井里，农夫绞尽脑汁想办法救出驴子，但几个小时过去了，驴子还在井里痛苦地哀嚎着。最后，这位农夫决定放弃，他想这头驴子年纪大了，不值得大费周章去把它救出来，不过无论如何，这口井还是得填起来。

于是农夫便请来左邻右舍帮忙一起将井中的驴子埋了，以免除它的痛苦。农夫的邻居们人手一把铲子，开始将泥土铲进枯井中。当这头驴子了解到自己的处境时，刚开始哭得很凄惨。但出人意料的是，一会儿之后这头驴子就安静下来了。

农夫好奇地探头往井底一看，出现在眼前的景象令他大吃一惊：当铲进井里的泥土落在驴子的背部时，驴子的反应令人称奇——它将泥土抖落在一旁，然后站到铲进的泥土堆上面！

就这样，驴子将大家铲到它身上的泥土全数抖落在井底，然后再站上去。很快地，这只驴子便得意地上升到井口，然后在众人惊讶的表情中跑开了。

这头驴子在几近绝望的境地中没有选择被动地接受，而是主动地去迎接困境、改变现状，最终为自己赢得了生的机会。我们的理想就像这头驴子一样，不要让它在我们的被动接受中渐渐“死去”。

我们要勇于面对现实和理想的差距，但面对不等于被动地接受。我相信，通过自身的努力我们可以缩小现实与理想的差距，让生活更加快乐、幸福。

6. 克服自卑心态，建立自信，相信自己一定行

自卑是一种不能自助和软弱的情感，有自卑心态的人轻视自己，认为自己永远做不好、永远不如别人。这是一种非常可怕的想法，如果我们从内心就认定自己不行，那又如何能在行动中做得更好呢？

自卑心态会导致我们心情低沉，常因害怕别人瞧不起自己而不愿意与别人交往，久而久之就会缺乏朋友，与人疏远。自卑心态还会让我们在工作中缺乏信心、优柔寡断，让我们错失一次又一次“闪光”的机会。因为认定自己是弱者，从而失去争取成功的意念和动力，可以说自卑是我们通向成功的大敌。

琪琪是从乡下来到城里打工的姑娘，她在一家商场当营业员。性格内向相貌普通的她并不太愿意向别人吐露心声，所以和别的同事也很少交流，可能同事都很少注意到她的存在。但其实她的心里也有很多苦恼，但却无法吐露，她感到十分自卑。

在工作中由于她较为自卑，很少与领导和其他同事沟通，甚至是与买东西的顾客说话都支支吾吾，导致工作业绩平平。有的同事竟然叫不出她的名字。这更让她认为自己太平凡了，在

工作中太不出色了。

虽然每天她也像其他同事一样上班、下班，可总感到自己是其他同事的陪衬。有朝一日他们都会得到升迁，但是自己却仍然会在这里默默无闻。琪琪每天浑浑噩噩地生活，不知道自己的人生方向在哪里。她认为现在的生活很消极也很乏味，觉得这样不好，但是又不知道能怎么做。

前几天她过22岁的生日，单位的领导和同事们为她举行了一个小的生日宴会。在宴会上，领导祝她："努力工作，早日成功。"可在她的脑海里，只有那些伟大的科学家、才华横溢的艺术家、叱咤商海的企业家才算得上成功，觉得自己不可能有什么样的成功！

琪琪这种情况就属于比较典型的自卑心理。长期被自卑心态笼罩的人，一方面觉得自己在任何地方都不如别人，一方面又害怕别人瞧不起自己，逐渐就会形成胆小孤僻等不良的心理问题。这使他们不敢主动与人交往，不敢公开发表自己的看法，对待工作也会越来越消极。

如果想要克服这种自卑心态，就需要我们在心中建立充足的自信。"自信是成功的第一秘诀"，可见自信在工作和生活中的重要作用。自信的人不会看不起自己，因此不会逃避现实。他们能够在工作和生活中主动出击去迎接困难和挑战，在做任何事情时都不缺乏信心，这让他们有着强大的动力能够将事情做得非常出色。

刘涛早年是一名从农村来到城市打拼的农民工，通过自己不懈的努力，他如今已经获得了丰厚的收入。然而他却没有满足于现状，选择了离开自己的岗位进行自主创业。然而，这个创业的过程却让他遇到了人生中最大的困境。由于经营不善，他的公司陷入了债务危机之中，并且看起来没有方法可以挽救。债主不停地逼他还债。他坐在公园的长凳上，把头埋在双手之中，考虑着任何能挽回他公司即将破产局面的方法。

突然一个老人出现在他面前并说道："我能看出来你遇到了一些麻烦。"老人听完经理诉苦之后，说道："我相信我能帮你。"老人问了男人的名字，写了一张支票，放在男人的手上，"拿着这张支票。明年的这个时候，再把钱还我。"然后老人转身，像来时一样快速的消失在男人面前。

这个企业经理看着手上五十万元的支票，署名是他曾经听说过的一家大企业的老板。"我立刻就能解除我的债务危机了！"他自言自语道。但是很快，刘涛决定将这个没有兑现的支票放到他的保险柜中。他想，也许有这张支票的存在能给我力量让我找到解决公司困难的方法！

带着重新燃起的信心，他拟定了更好的交易，并且扩展了支出的费用。他取消了一些大型的花销。几个月之内，他就把自己的债务危机解除，并重新开始盈利。在一年后与老人约定见面的时刻，刘涛按时来到那个公园，并且带着那张没有兑现的支票，而老人也在两人约定的时间出现了。但是正当刘涛想把支票还给老人，并且分享自己成功的故事的时候，一个护士出现了，并且抓住了老人。

"很抱歉我抓住了他！"护士哭泣地说，"真心希望他没有打扰到您，他总是从疗养院里跑出来并且告诉人们他是著名的企业家。"说完，护士用胳膊驾着老人离开了。惊讶的刘涛只是站在那里，他完全惊呆了。整整一年，他想方设法地买卖产品，并且坚信自己身后有五十万元资金的后盾。

突然，他意识到，不管这些钱是真是假，他的生活确实因此被改变了。正是这张"假支票"给他带来的自信心让他重新获得了力量并且让他摆脱了困境。

从某种意义上说，这张"假支票"给刘涛带来的力量甚至比一张真的支票还要强大。在濒临破产时，正是这张“假支票”让刘涛重拾了自信，一举摆脱了困境，从而获得了成功。作为一名普普通通的农民工，或许我们有一天也能够通过打拼成为像刘涛这样的自主创业者，又或者我们依旧只是在工作岗位上辛勤劳动的普通农民工，但不管我们处于什么样的位置，自信对于我们来说都同样重要。自信能够让我们不再过分计较自己的出身，不在因为与他人之间悬殊的差距而懊恼，不再因为认定自己不行而错失良机。那么，怎么才能让自己更有自信呢？作为一名普普通通的农民工，自信对于我们也同样重要。拥有自信能够让我们不再计较自己的出身，不再因为与他人之间悬殊的差距而懊恼，不再因为怕自己做不好而错失良机。怎么才能让自己更有自信呢？

自信心是一种心态，是可以通过培养而获得的。我们可以适当地使用心理暗示来调节我们的自卑心理，让内心中充满自信。当我们在做一件对于自己来说充满挑战的事情时，我们要时刻在心中默念：我能行，我可以成功！通过这种方法来激励自己的斗志，克服自卑心态。

除此之外，在我们做任何事情时，不要瞻前顾后、患得患失，这样会让我们丧失最起码的信心。不要去想还没有发生的事情，你不做怎么知道自己能否做好呢？信心往往能够让我们在做事情时思路更加清晰，反应也更为敏锐，能够让我们在工作和生活中发挥自如。有了成功的经历，就会让我们的自信心更加增长，形成一个良性循环。记住，你首先要相信你能够成功，你才能真的成功。

7.

消除虚荣心态，知足常乐平淡是福

有一句老话“打肿脸充胖子”很好地诠释了虚荣心态。虚荣是指表面上虚假的荣耀，与实际自身并不相符的妄自尊大。心理学认为，虚荣心是一种被过分夸大和扭曲的自尊心，是一种消极的心理。

虚荣心在社会中是普遍存在的，几乎所有人都或多或少地会有一些虚荣心，这是一种正常的现象。人在这个社会中生存，谁不想让别人羡慕，谁不想出人头地呢？但是，如果这种虚荣心超出了一定的限度，完全不符合自身的能力，这就会形成一种消极的虚荣心态，导致我们的心理不健康。

45岁的付某是某服装厂的一名下岗工人，下岗之后一直没有工作。因喜好在娱乐场所与朋友们玩乐，消费较高，付某好不容易攒下来的一点积蓄慢慢被挥霍一空。看着她身边穿着光鲜，个个都是白领、总经理的朋友，她的内心极度自卑。这种情况深深地打击了她的自尊心，她害怕被朋友们瞧不起。

付某虽然已经没有任何经济来源，但是依旧在穿着上不落人下风，动辄就是上千元的名牌衣装，还经常抢着去结账。朋友们都认为她非常大方，每天都奉承和巴结她。但是，很快她就发现，她的钱已经支持不住自己的开销。

为了满足自己的虚荣心，付某开始打着各种幌子向邻居、朋友借钱。2007年11月至2009年5月间，付某以做生意需要资金周转、和姐夫一起承包株洲宾馆拆除工程需要筹钱、用公款“买码”现在急需钱平账等为借口，并许以1.5%至10%的高额利息,先后从被害人颜某、刘某、曾某、赵某处骗取现金共计212750元,四被害人中有人是朋友、有人是同学的母亲、也有自己母亲多年的好友,曾视付某为自己女儿一样的长辈。这些钱付某根本无力偿还,终于东窗事发。

付某被以诈骗罪由公安机关逮捕,最终受到了法律的审判。至案发前,付某仍未归还的金额高达199000元。付某骗来的钱,绝大部分已经被挥霍一空用来维持其奢侈的生活。“其实就是为了让身边的朋友觉得自己有钱,可以炫耀,都是虚荣心害了我啊!”法庭上,付某后悔不已。但此时后悔为时已晚。

付某的情况就是典型的虚荣心态导致的犯罪,可见虚荣心态是将人引向罪恶之路的罪魁祸首之一。虚荣心态如果不加以控制,就会让行为严重地偏离正常的轨道。因此,当我们发现自己的虚荣心过盛时,一定要重视并进行心理调适,克服这种不良心理,让我们的生活更加美好。

虚荣心态与戏剧化人格倾向有关,更容易产生在那些外向、冲动的人身上。农民工朋友们,如果我们是这样一类人,一定要时刻关注自己的虚荣心,避免它为我们的生活带来不必要的困扰。虚荣心并不能使我们快乐,相反虚荣心只会让我们永远为别人活着,永远得不到满足,加剧内心的不安感。

在虚荣心的背后,多半掩盖的是自卑、贪婪、浮躁等消极心理,有效地克制自己的虚荣心也会改善我们内心中的这些消极心理,让我们更容易获得快乐,在生活和工作中也更踏实。爱慕虚荣的人经常要忍受各种痛苦和不安,为的只是取悦别人从而获得别人的称赞。这样活着我们会感觉到很累,那何不试着克服呢?

如果想要克服虚荣心理,首先要树立正确的价值观和价值导向。对于金钱、荣誉、地位、面子要有一个正确的认识。人们热爱这些东西是正常的心理需要,并不是说追求金钱、荣誉就是虚荣,但是一定要符合自己所处的位置和自己扮演的社会角色。如果过分地追求面子,过分显摆自己就会使我们的人格和行为产生扭曲,逐渐走上不良循环的怪圈。

其次,克服虚荣心态并不是让我们不去追求那些名利,而是在力所能及的前提下去追求。如果我们对名利毫无兴趣,可能会让我们在工作和生活中缺乏一股强有力的动力,这就有些"矫枉过正"了。作为新时代的农民工,我们要合理地认清自己的能力,在我们的能力范围之内,让小小的虚荣心成为我们不断努力、进取的动力,这就将虚荣心态这种消极心理转化成了积极心理。

最后,偶尔满足一下自己的虚荣心也未尝不可。虽然作为农民工群体的我们可能过着比别人更辛苦、更艰难的生活,但是我们也有追求美好的内心。适度地追求自己的外形,偶尔也去吃一顿大餐都是可以的。这样不但能够增强我们的自信,还能够释放虚荣心态所带来的负面情绪,这样对于克服虚荣心理有着很大的帮助。

第三章

改善心理状态，把快乐融入工作

1.

抛弃浮躁，找工作不要好高骛远

说到工作，我们首先要从找工作说起。对于来到城市中打工的我们，如何才能够尽快找到一份合适的工作是我们能否在城市中站住脚的关键。随着就业压力的不断增加，城市中的工作已经不那么好找了，那么如何才能够找到一份工作呢？

一定要记住，找工作不要好高骛远。人人都羡慕那些坐在宽大办公室中对着下属发号施令的工作，然而又有多少人能够获得这样的机会，并且有能力胜任这样的工作呢？我们一定要从自身的实际情况出发，发挥自己的特长，将浮躁的心踏实下来，找到一份适合我们自己的工作。

其实，很多人找不到工作并不是因为他的学历低、能力差，而是因为他的眼光太高了。他选择的工作看不上他，愿意接受他的工作他又看不起，这就让自己处在了极度尴尬的境地。我想说的是，对于刚来到城市中的我们，踏踏实实地从最基层干起吧。不要看不起那些最不起眼的工作，正是这样的工作在我们为生计发愁时雪中送炭，给你成为社会中的佼佼者的机会。

尤尔加是从美国底特律搬到奥尔良的，在底特律时他只不过是一个铅管匠，努力工作了多年，可就是缺乏资金，无法发展自己的事业。

两年前，尤尔加带着老婆，3 个孩子和 120 美元，搬到新奥尔良。第一天他找了6家铅管制造公司，可就是没有一家愿意雇用他，他们告诉尤尔加人手已经够用了。

第二天，尤尔加跳上一辆公共汽车，走过一条长长的繁华大街。那条街上有几家快餐店，他记下窗口有招聘启事的店名。走到路的尽头时，他跳上另一辆返回车，一路上，他去了5家快餐店，可是没有愿意雇用他。

到了第六家时，经理总算对他表示出了一点儿兴趣。尤尔加向他保证，自己工作勤劳，而且做人诚实。经理告诉尤尔加说，在这里工作报酬相当低，但尤尔加让他相信待遇不成问题，他会提供一流的服务。

尤尔加工作很努力，结果在6个星期后就被提升为连锁店的夜间部经理。他结识了很多顾客，并想方设法改善服务，提高效率。他发现，自己做得越多，效果越好。

一年后的一天，连锁店的老板要尤尔加到他办公室去。在这之前，尤尔加只见到他两次，因为他是个大忙人，拥有近30家这样的连锁店。

尤尔加去见他时，才知道他在房地产方面也搞得有声有色，他告诉尤尔加："我要派你到城北一家酒店去当酒店经理助理。"

尤尔加当场就愣住了，他告诉老板："我只当过铅匠，对管理酒店一无所知，怕胜任不了。"

老板却笑着对他说，我查过你有快餐店的工作记录，在你工作期间，销售利润提高了83%，而管理酒店与管理快餐店道理是一样的。乐于服务，推动计划和善于管理。我相信你一定能让酒店保持客满，准时拿到房租费，而且会越来越好。

结果尤尔加接受了这个全新的挑战。工资是他在快餐店的3倍，还有一间漂亮的公寓。在新的工作岗位上，他继续发挥着自己的能力，不久就升为高级经理。很快地，尤尔加积累了足够的资金来开创自己的事业了——创办一家大规模的铅管企业。

尤尔加的故事告诉了我们,再不起眼的工作,其实都为我们创造了一个可能,让我们的生活更加美好的可能。有时我们并不一定能够做自己认为应该做的工作,但是这份工作却能够给我们一个向自己目标努力的基本保障。

作为刚刚来到城市的打工者,想要在城市庞大的就业人群中赢得自己的一席之地,就要发挥我们所独具的优势。有人可能会说,比学历我们比不过那些大学生、硕士生、博士生,比经验我们比不过那些早就在这个城市中生活的人,那么我们的优势在哪里呢?其实,我们的优势就是,不管再苦再累的基层工作,我们都可以接受。我们可以从保洁员做起,我们可以从搬运工做起,我们可以从服务生做起,这些大部分人都不愿意做的工作恰恰给了我们机会。

因此,我们在找工作时要踏实下来,不要好高骛远。俗话说,三百六十行,行行出状元,不要因为工作不起眼就不去做,很多不起眼的工作恰恰能够发挥我们的潜能,为我们的生活创造了无限的可能性。

如果农民工朋友存在以下一些思想和行为,则容易导致找工作的失败,应尽量避免进入这些误区。

(1)挑肥拣瘦

有些人找工作时往往处在两难状态,想干又怕艰苦,不艰苦的工作收入又低。实际上,不可能存在一个既清闲,又收入高,人人都可以做的工作。这是由劳动力市场的供求关系决定的。实际上,具有吃苦耐劳的品质是做好任何一项工作的起码条件。我们应该懂得先苦后甜的道理,有从艰苦的、简单的工作做起的心理准备,等你有了经验,有了资本,再找一份好工作就会容易得多。

(2)好高骛远

有些刚出来打工的年轻人,总以为自己很了不起,眼高于顶,好高骛远,只盯着那些收入高、清闲、体面的工作,殊不知这样的工作自己根本不可能胜任,企业单位也很难聘用学历、能力和经验都十分欠缺的年轻人。找工作要量力而为,从自己能够胜任的工作做起,不能不切实际地好高骛远，要一步一个脚印地积累知识和技能，因为职业技能的积累只有在相对稳定的工作环境中才能进行。

还有的农民工朋友总是看着别人的工作比自己的好，频繁地换工作；结果知识和技能得不到提高，最终被社会所淘汰。

(3)缺乏自信

有些人被自卑心理所笼罩，看不到自己的优点，明明可以做的工作，却因为对自己没有足够的信心，害怕能力不够而不敢去尝试，这样自然就失去了很多工作的机会。

(4)追求不切实际的高工资

有的进城务工者不看自己的本领和实际情况，一味追求高工资，不仅找工作受挫，还往往上当受骗。有些不法分子利用这种心理，以高工资、高报酬为诱饵，吸引不知情的人上当，上当者最后非但钱没挣到，自己还被别人利用，走上了犯罪的道路。挣钱要取之有道、合理合法，何况挣钱并不是进城务工的唯一目的，还要考虑自身发展的需要。

(5)对现实失望

每个人对工作的条件、工资、老板、同事等都抱有一定的期望，但是这个期望值往往跟现实情况之间会出现落差。这个心理落差的大小取决于人们期望值的高低，期望值越低，失落就越小，反之，失望必定越大。比如有些农民工朋友希望吃好、喝好、住好、有高工资、高享受等，但实际上，对于很多进城务工的农民工朋友而言，这都是需要我们经过很大的努力才能得到的，而不是一开始就能得到的。因为与自己的期望相差很大，所以让有些人产生一种落差，继而对现实失望，产生一种消极情绪。这其实也是阻碍我们找到如意工作的绊脚石之一。我们应当调整心态脚踏实地地面对现实，面对生活。如果依然时时处处都和想象中比较，自然有不小的落差，就会变成苛求了，我们就很难有愉快的心情，也难以找到好的工作。

(6)固执心理

“我一定要到那家单位工作！”“除了某某公司，除了某某岗位，除了某职位，我肯定不到其他的地方去找工作”。这样的固执心理，对我们找到合适的工作也是不利的。常言说得好,“不要在一棵树上吊死”,各种各样的工作要求都不一样,你心仪的工作单位和岗位,不一定会需要你。而你似乎不喜欢的工作,可能恰恰是最适合你的工作。所以,要放弃这种固执心理,不要把择业目标定在一个地方,而应当多方选择,这样更有利于我们找到合适的工作。

(7)将就心理

农民工朋友往往通过劳务市场来找工作,很多时候是经过老乡、同伴或朋友介绍的,大多数民工朋友对工作环境、工作条件和薪资报酬等要求不高,生怕自己不符合企业的要求而落选,因而没有详细了解企业的情况、工作条件、要求等,也没有签订劳动合同,就草率决定上班。到后来,由于保障没有到位,出现被拖欠工资等不良后果。

这种将就的心理往往会让我们失去更好的工作机会。所以找工作要定位准确,多多了解目标单位的情况,仔细分析自己与工作单位的配合情况,出现问题,及时寻求社会和法律帮助。

在农民工朋友找工作过程中,还有攀比、嫉妒、高不成低不就、观望等待等心理,需要大家清晰认识,及时调整。根据自己的实际情况,结合人才市场和企业招聘的需求,准确定位,多方权衡,最终找到适合自己的工作。

2. 为自己的职业生涯做一个规划

作为一个普普通通的农民工,职业生涯规划这个概念可能在很多人看来离自己非常遥远。然而我想说,不管是多么普通的工作,多么不起眼的职位，我们都需要对我们未来的工作道路进行一个合理的规划。就像火车要沿着铁轨前行才能安全到达目的地一样，职业生涯规划就像我们事业列车的铁轨一样，帮助我们一步步地走向心中的理想和成功。

职业生涯规划是指个人和组织相结合，在对一个人职业生涯的主客观条件进行测定、分析、总结研究的基础上，对自己的兴趣、爱好、能力、特长、经历及不足等各方面进行综合分析与权衡，结合时代特点，根据自己的职业倾向，确定其最佳的职业奋斗目标，并为实现这一目标做出行之有效的安排。

小王大学上的是职业技术学校，由于出身农村家庭，家境贫寒，这让他急需一份工作来养家糊口。毕业后的他没有选择那些竞争激烈的“好工作”，而是从酒店的“行李员”实习生做起，每天 5 点起床，帮客人开门关门、接送行李。

虽然这份工作看起来不那么起眼，但是小王却没有因此而认定这份工作不能给他光明的前途。他开始为自己制定一个周密的职业规划。首先他觉得自己需要向更高层次的酒店进发，于是在获得一定工作经验后，他又去一家高档酒店最苦的客房部，打扫房间、更换床单、清洗马桶。

两个月的试用期后，他的勤奋刻苦、虚心好学最终为他赢得了这家酒店的录取意向。接下来，他开始为自己定下新的目标：成为酒店的客房部主管。

经过 3 年的磨炼，小王逐渐地在能力上和经验上都达到了较高的水平，酒店高层注意到了这个踏实、聪明的员工，认为他有能力胜任主管的职位。很快在酒店董事会的一次会议上，他被正式任命成为了酒店客房部的主管。

4 年时间，小王从一个酒店服务生干到了月薪 30000 元的高层主管，这其中合理的职业生涯规划可以说是功不可没。

小王的故事告诉我们,不管我们做着多么不起眼的工作,只要我们能够合理规划自己的职业道路,一定能够在工作上越做越好,终有出头之日。作为农民工中的一员,我们大部分人也在做着这些不起眼的工作,我们是否也想为自己制定一个合理的职业规划,让工作更上一层楼呢?

在我们制定职业规划时,首先要从底层开始。我们可以从最基层的规划做起,在工作中尽量去积累经验、磨炼意志,为将来获得更好的工作机会打下坚实的基础。在进行职业生涯规划时,我们最好着眼于眼前,对下一步的职业道路制订周密的计划,不要做大跨度的规划,因为现实情况的变化谁都无法预料,并且大幅度的规划会让人看起来难以实现。在规划职业道路时要着重于能力的培养和锻炼,而不是如何获得更高的薪水。当我们有了足够的能力,薪水自然而然就会提高,只着眼于报酬会让我们的目光过于狭隘,忽略很多本来很重要的事情。最后,职业生涯规划要有一个长远的目标,让我们能够向着目标去努力。

我相信,如果我们为自己制定了一个合理且周密的职业生涯规划,作为农民工的我们也一定会有非常光明的工作前景。

3. 以务实的态度快速适应工作

在城市中找到一份适合自己的工作后,我们面临的首要问题就是如何快速地适应工作。大家可能会觉得"聪明的人""工作经验丰富的人""会说话会来事儿的人"能够最快地适应一份新的工作。但是,其实适应工作最快的人是"最务实的人"。

务实的态度是一个人能否适应新工作的关键,同时这也是老板最关注的员工素质之一。据调查，几乎所有的老板在挑选员工的时候，务实的心态都成为了首要关注的素质。只有这样的员工才能够以最快的速度适应新的工作，并且能够踏踏实实地在自己的岗位上坚持下去。对于老板来说，损失最大的不是录用了一个能力差的员工，而是录用了一个不踏实工作的员工。

而对于我们自己而言，务实的态度能够让我们在一个岗位上更踏实地去工作，为自己积累更丰富的经验，同时也让我们能够把自己的工作做到位，务实的态度是一个优秀员工的必备素质之一。

吴小姐是一个性情受外界影响比较明显的人，在一个活跃的集体里她会非常活跃，在一个安静的集体里她会比别人更沉闷。在上司及同事的器重、鼓励下，她会工作得非常出色，而如果她觉得自己不受重视，她可能会很快地意志消沉，直至选择逃避。她本不喜欢太过安逸的工作，为了挑战自己、提升自己，她换了一份又一份的工作，却感觉自己好像还在原地，目前的状况让她失去了方向，不知道该何去何从。

吴小姐的自尊心很强，使她具有很浓的“完美主义”倾向，这让她可能在就业选择时过高估计自己，对工作盲目乐观。而实际的工作情况不如她想象得那么顺利，并没有很多展示自己的机会、深受上司的器重和同事的欢迎，于是她很快地失望，并且很难继续适应下去，而是把希望寄托在下一份工作上。

同时，吴小姐很敏感，导致她的情绪易受外界环境因素和他人的影响，可能上司或者同事给她某项意见，只是针对工作而言，却会被她看成是否定她的一种信号，以至产生抑郁、烦恼，想要逃避。

并且在工作中，吴小姐的规范性很差，不喜欢被一些循规蹈矩的行为准则所束缚，这让她在正规的企业中难以生存，于是她开始频繁跳槽。

然而，频繁的跳槽给她带来的并不是想象中更好的机会，反而让她在任何一项工作中的经验都不充足，致使她出现了“一瓶子不满，半瓶子晃荡”的尴尬情况。而且由于频繁地跳槽，很多企业都不愿意录用她，怕她在岗位上干不了多久又会选择离开。结果可想而知，吴小姐后来一直处于失业的状态，虽然她后悔不已，但由于频繁跳槽已经“臭名远扬”的她再也找不到一份合适的工作了。

吴小姐的经历告诉我们，在工作中一定抱着务实的态度，踏踏实实地干好自己的事情。不要总是让自己的想象力“泛滥”，去想一些不着边际的东西。在工作中我们最需要的是获得经验、能力，磨炼意志品质，而非实现自己那些不切实际的想法。

不要总以我们怀才不遇或是工资待遇与付出的劳动不成正比的想法而不认真对待工作或是频繁地跳槽，这样百害而无一利。这个世界从来就不缺乏人才，但是却缺乏踏实肯干的员工。你只有在这个岗位上工作，对于老板你才有价值。因此，不管你多么优秀，老板只会在乎那些能够踏踏实实在自己的岗位上创造价值的员工。

务实的态度不但能够让我们获得老板的赏识，对于提升我们自身的素质也有着很大的帮助。只有在一个岗位上坚持长期的工作，我们才能够获得更丰富的经验，能够对一项工作具有较强的处理能力。培养出了较强的能力和过硬的意志品质，我们就不用发愁升迁、加薪这些事情，老板自然会给员工一个符合他们水平的待遇。

4.

失去工作并不是世界末日

现今社会处于市场经济的大环境下，已经不再有曾经的“铁饭碗”，每一个人都会面临着失业的压力。即使是拥有高学历、丰富经验的人也不乏失业的可能。作为来到城市打工的农民工，失业更容易发生在我们的身上。但是，失业并不等于失败，并不等于“世界末日”。

我们要正视失业情况的发生，失业并不一定代表我们没有能力和价值，失业其实只是单位认为我们不再适应这份工作而已。这不但受到领导主观意念的左右，还会受到很多客观环境的影响，例如经济不景气导致企业亏损、企业规模缩小、市场大环境发生改变，等等。

因此，一旦我们遇到了失业的情况，我们不要急于否定自己，应当从中找到原因，并且合理地安排我们接下来继续找工作等相关事宜。失业并不等于我们失去了一切，不要将失业的苦恼泛化到整个生活中，这其实只是上天给我们的一个小小的考验而已。经历这个考验只会让我们变得更强大。

张力是一名来自农村的打工者，刚刚来到城市的他幸运地找到了一份推销员的工作。然而好景不长，由于单位利润减少需要进行裁员，张力不幸成为了裁员名单上的一员。失去工作后的张力没有灰心，他又在一家保险公司找到了一份业务员的工作。

对于推销工作，张力已经轻车熟路，他在这家公司干得有声有色。但是，不知道是不是老天故意刁难他，新上任的领导对于他这个员工并不是太满意，在3个月之后他再一次失业了。面对又一次的打击张力依然没有放弃，他很快又找到了一份快递工作，虽然每天更加辛苦，但是好歹能维持基本的生活。

可是这份工作也没有能够给他稳定的生活，很快地他由于方向感不强，对城市的路况也不太了解导致工作效率较低，快递经常不能准时送达，最终又被雇主辞退。多次失业的经历让他萌生退意，想要回到家乡过平平淡淡的生活。

但是一想到一家人等着他改变贫困生活的命运时，他还是鼓起了勇气。他开始总结自己失业的原因，并从中吸取了经验教训，努力提升个人的综合素质。接下来，他再次找到了一份工作，并且还是自己擅长的保险推销员。这一次他没有再失败，丰富的工作经验和经受住了打击的强大内心使他不论面对任何困难都能很快解决，业务量也突飞猛进。领导注意到了这个能干的小伙子，赋予他了更艰巨的任务——去另一座城市开辟一个新的业务区域，而他就是这个区域的业务经理。

张力作为一名普通的打工者，经历了多次的失业再就业，但是他没有丧失信心，没有将失业这一情况认为是一件多可怕的事情。相反的，他从失业中吸取了经验，抱着一定要改变贫穷命运的坚定决心，终于走向了成功。

没错，失业没什么可怕的。失业可能是由于多种原因所导致的，我们需要做的是在这些原因中找到自身的问题，增强自己的能力让自己能够抵抗更多突如其来的变化。试想，如果我们是一个不可多得的好员工，怎么会没有老板愿意雇用我们。

在面对失业的困境时，我们一定要让自己的内心坚强起来，通过寻找合理的途径来摆脱失业的困扰。除了要有一颗坚强的内心外，我们还要尽快地去积极寻找新的工作，以应付基本的生活开销。其次，在平时我们应当储备一定的积蓄，这样一旦失业情况发生，我们还可以维持基本的生活，这样能够为我们找新的工作争取更多的时间和留有更大的余地。另外，一定要让自己有一份失业保险。虽然保险会让我们多一笔额外的支出，并且大部分情况下它看起来不是那么必要。但是一旦出现失业的情况，这份保险可以为我们提供一定的保障和支持，给我们一个重拾生活信心的机会。

5. 工作再紧张也要学会放松心情

心理学家认为，紧张是一种有效的反应方式，是应付外界刺激和困难的一种准备。有了这种准备，便可更好地应付外界发生的变化，因此紧张并不全是坏事。然而，持续的紧张状态，则能严重扰乱机体内部的平衡，并导致疾病。所以我们应该学会自我消除紧张状态。

作为农民工中的一员，我们每天大多在紧张和劳累的工作中度过，久而久之难免会让我们的心理处于持续紧张的状态。这种持续紧张的状态不但会影响我们工作中的状态，还会对我们的日常生活造成不小的困扰。

胡先生今年40有余，是一家私营企业的老板，经过20余年的努力打拼，他从一名普通的农民工摇身一变成为了老板，企业有了一定规模，生意非常顺手。按理说他可以好好享受生活，但是他总觉得自己放松不了，如果哪天休息，而公司里还有没做完的事情，他就忐忑不安。

与家人朋友一起出去玩时，一静下来他脑子里就会想公司里还有什么事情没有解决。有一次在外面旅游时，突然想到季度财务报表好像还没有看完，他就忍不住烦躁，一个人急急忙忙赶回了公司。但是后来仔细想想，那些让他烦躁的事情也不是非要马上做不可。对此家人和孩子颇有怨言。

胡先生的情况主要就是由于紧张的工作导致心情无法放松，以至于在日常生活中都保持着紧张的状态，不但让自己很累，也让家人和孩子感到困扰。其实，不管我们的工作有多么繁重，学会运用心理调适的方法去放松心情就可以有效地缓解这种紧张的情绪所带来的不适感。

松弛训练：在紧张的工作之余，我们可以从事各种娱乐活动，调节自己的生活，松弛紧张状态。如果在工作中遇到难题或必须完成的任务时，首先应该放松自己的情绪，不必过于紧张，不要急于求成。要相信自己有能力，并对面临的问题做出冷静的分析，制定出一套行之有效的应付方法。此时，还可做一些必要的自我暗示："事情再难、再急，也必须稳扎稳打地去做，光焦急是无济于事的，这任务对于我来说是小菜一碟。"这样紧张情绪就能够得到一定缓解；而排解难题或完成任务时，成功又会成为良性刺激，使我们再次面对工作时能够进一步放轻松。

适当安排计划：若所拟订的工作计划过于紧密，做起来就会感到非常疲惫从而引起情绪紧张。在这里我有一个小建议：在预订工作进度表中，可安排一小段"真空时间"。在这段时间，不预先安排任何事情。每次到这段时间时，可利用它来完成先前未能做完的事情，或是着手下一步工作。这样既有助于完成计划又能感觉到自己有更多的可支配时间，让内心更加放松。

真诚相处：在与别人交往中，我们要真诚坦荡，与人为善。虚伪不仅使人厌倦，而且自己也会因此而有不安全感，猜想别人会不会得知真相，猜想别人是否在背后议论自己，并导致紧张的心情。

升华紧张情绪：紧张的情绪也可予以升华，转用于工作中。当情绪突然紧张起来时，往往精力特别集中。我们可以利用这段精神最为集中的时间把事情做得更好，随着任务的顺利完成，内在的紧张也得以缓解。

6．正确对待工作中的不如意

工作就像我们的生活一样不会总是一帆风顺，工作中常常会有很多的不如意。例如，没有完成既定的工作目标、在创新中遭遇失败、受到领导的无端指责等等。在面对这些不如意时，如果我们不能保持一个健康的心态，就会让这些不如意转化成为消极心理影响我们的心理健康。

在面对工作中的不如意时，我们一定要有一个正确、客观的认识。要学会就事论事，不要总是把这些不如意联想到自己或他人身上。这样不但会影响到我们工作的积极性，更可能让我们在生活上也变得更加消极。要学会将这些不如意看得淡一些，不要总放在心上。

李航是一名从农村走入城市的务工人员，经过8年的艰苦拼搏，如今他已经坐上了一家大型企业人力资源主管的位置。这是一个在很多人看来羡慕不已的职位，然而他自己却不太喜欢自己的这一职位。

自从他坐上了这个位置，工作上源源不断的不如意就让他不胜其扰。由于处于上层领导和底层员工之间，每当领导的决策和员工的意见相悖时，他都要替领导“顶雷”，出面承受员工的不满和抱怨，领导犯的错误也时常都要由他来承担。而基层员工出现的一些不良举动又被领导认为是他组织协调不力导致。受着“夹板气”的他感觉十分不舒服，有时候百口莫辩。

久而久之，他感觉这份工作做得让他心里“堵得慌”，就连平时下班后与妻子吃饭时都想着单位的这些事情。他总是问自己：“我这是招谁惹谁了？”他不知道自己到底是该安分守己默默

> 地接受这些不如意，还是应当奋起反抗干脆换一个工作的好。
>
> 如果说，这些不如意是在将他从一块棱角分明的石头渐渐磨成更适应这个社会的鹅卵石，他认为自己已经快要被磨成沙子了。

作为企业的高管，李航肯定是承受着更大的压力和更多的不如意，他没有正确地对待这些工作上的不如意，因此让他感到生活和工作一点也不开心。其实不管是高管还是普普通通的打工者都会在工作上或多或少地面临一些不如意。在面对这些不如意时，如果我们能够把心态放端正，正确地去认识它，我们就能够以一个更为轻松的心态去接纳这些事情。

在工作中如果遇到了不如意的事情，我们首先要从自身着眼，看看是不是由于我们做得不够好才受到了指责和批评。其次，在面对领导不够正确的指责时，我们应当坦然接受。谁都有犯错的时候，更何况是顶着更大压力的领导。并且领导为了保持在单位中的威望，通常是不会直接公开地承认自己的错误的，这一点我们应该学会理解。最后，在面对这些工作中的不如意时，我们在坦然接受的同时可以尝试将它们变成我们努力完善自身的动力，让它增强我们的心理承受能力。我们可以在心中告诉自己：这些不如意不过是一场暴风雨，不经历风雨怎能见彩虹。

7. 发现工作中的乐趣

工作永远是工作，它绝对不会是轻松和享受。我们一定要能够正视工作本就是辛苦和劳累的。但是，在辛苦之余，我们何不去发现一些工作中的小乐趣来愉悦一下我们本就疲惫的内心呢？

虽然说工作的本质不会让人感到轻松和愉快，但是我们可以尝试着让自己的内心变轻松。其实再枯燥的工作，如果我们去仔细寻找都能够发现其中的一些乐趣。我们要学会在工作中自己制造一些乐趣，这样能够让我们更加热爱工作，在工作中也更轻松、更有动力。

美国西雅图有个很特殊的鱼市，很多顾客和游客都认为到那里买鱼是一种享受。原因就在于，那里的鱼贩们虽然整日被鱼腥包围，但他们总是面带笑容，而且他们工作时可以和马戏团演员相媲美，个个身手不凡。他们就像合作无间的棒球队员，让冰冻的鱼像棒球一样，在空中飞来飞去，并且互相唱和："啊，5条带鱼飞到明尼苏达州去了。""明尼苏达州收到，请再来一批。"

这种工作气氛还影响了附近的居民，他们经常到这儿来和鱼贩用餐，感受他们的好心情。后来甚至有不少没办法提升工作士气的企业主管专程跑到这里来取经。

有一次，一位记者专程来采访他们，记者问道："你们在这种充满鱼腥味的地方做苦工，为什么心情还这么愉快？"

一个鱼贩回答："几年前，这个鱼市场也是一个没有生气的地方，大家整天抱怨。后来大家认为，与其每天抱怨沉重的工作，还不如改变工作的品质。于是我们不再抱怨生活的本身，而是把卖鱼当成一种艺术。就这样，我们变得越来越快乐，这里成了鱼市场中的奇迹。"

按理说，鱼贩整天与鱼腥相伴，日复一日重复相同的工作，但他们并没有厌恶这份工作，反而从中发现并制造了一些乐趣，让他们逐渐地更加喜爱这份工作。作为农民工的我们其实也是一样的，我们可能每天重复着枯燥的体力和脑力劳动，感觉身心疲惫，那么不妨也试着去发掘一些工作中的小乐趣，在辛苦的工作之余也让自己的心理得到一些愉悦。

其实并不是工作亏待了我们，而是我们期求的太高，以至于忽略了工作本来的美丽。我们工作本就是为了获得报酬，在我们得到报酬之余如果能够让内心更加轻松，那我们就会更加热爱自己的工作。有了这种积极的心理，我们肯定能够有更大的动力去把工作做好，让自己在事业上有更长足的发展。

8. 在工作中多对自己施以“正强化”

在工作中，如果我们表现出色单位会给予我们奖励，而如果我们表现不佳则会受到惩处。其实，我们不光可以被动地去接受单位的这种强化行为，还可以对自己施以强化来让我们在工作中更具动力。

强化是指通过某种外部刺激增强某种行为的过程。强化主要可以分为三种：正强化、负强化、惩罚。我们在实际工作中可以根据工作完成的状况对自己施以这三种不同的强化。

正强化：给予一种好刺激。为了建立一种适应性的行为模式，运用奖励的方式，使这种行为模式重复出现，并保持下来。例如，当我们出色地完成了一项任务时可以奖励自己购买一件想要的商品或是去大吃一顿。

负强化：去掉一个坏刺激。为引发所希望的行为的出现而设立。例如，在工作中如果我们的注意力不集中，我们就掐自己的胳膊一下，直到我们注意力集中后才取消这种行为。

惩罚：去掉一个好刺激或是施加一个坏刺激，是一种强硬的规划行为的方式。例如，如果我们在工作中犯了不该犯的低级错误，我们就惩罚自己这一个月都不能看电视，或者将自己的零花钱扣除一部分。

乐乐是刚从农村到这家工厂工作的普通工人，她每天的工作任务就是从流水线下来的零件中挑出残次品。这个工作可以说是极其考验人的细心和耐心，零件在传送带上滚动的速度非常快，要注意力极其集中才能够没有遗漏。并且，每天重复这样精神集中的工作，日复一日难免会让人感到十分痛苦。

在工作一年后，乐乐的工作积极性越来越差，她开始对工作产生很多消极的想法，认为自己的工作简直不是人干的，干好了没有什么奖励，干不好却要受到批评和惩罚。渐渐地，她失去了工作的动力，在工作中更是屡犯错误。

面对这种情况，乐乐希望能够让自己更有动力去做这件枯燥的工作，否则她相信自己一定会被辞退。于是她逼迫自己集中注意力，每天都告诉自己再坚持一下就好了。结果一个月之后，她依靠自己的意志将工作完成得非常出色。当她领到工资时，整个人一下子就放松了下来，于是她决定请自己吃自己最喜欢吃的水煮鱼。

在请自己吃完大餐后，她突然想到：既然工厂不会因为我干得好就奖励我，那我何不用这种请自己吃东西的方法来激励自己呢？在后来的工作中，她总是在每个月初对自己说："如果这个月我的工作完成得很出色，我就请自己吃一顿大餐！"想着美食的诱惑，乐乐在工作中更有干劲，也不觉得自己的工作是那么的枯燥了。

不过，虽然乐乐使用这种方法让自己不再厌烦工作，但是她平时却有一个非常不好的毛病，就是在没有人监管的时候就不能够全身心地去工作。因此，她还是经常由于遗漏了残次品而遭到批评。于是，她又为自己定了一条规矩：如果我不能够自觉地全身心去工作，我就要让自己吃最不爱吃的青椒。

在新的规矩刚实施时，她还是难以克服不自觉的毛病，于是她几乎每周都要逼自己吃青椒。但是很快地，她为了避免这种味觉上的痛苦，开始逐渐改正了自己不自觉的毛病。直到现在，她已经5个月没有在工作中出现过任何纰漏了，领导看到她工作上突飞猛进的成绩，决定破格为她提升一定的工资。

乐乐通过正强化和负强化来规范自己的行为，用正强化来鼓励自己的成绩，而用负强化来提醒自己纠正错误，非常有效。作为农民工的一员，我们也可能时常对自己的工作失去热情而对自己的错误视而不见。那么我们不妨也试试这种方法，自己来给自己制定一个奖惩制度，这样可以有效地让我们在工作中更有干劲，有了动力工作自然就会越做越好。

在使用强化时，我们最好以正强化为主，辅以负强化，慎用惩罚。正强化是最好的强化手段，它不但能够提高我们工作的积极性，还能够给心理增添积极的因素，让我们更加热爱工作。而负强化是一种十分有效的纠正错误的方法，为了避免接受到自己不愿意的事情，我们会尽力避免错误的发生，从而改掉一些坏习气。而惩罚则应当针对那些严重的过失和行为上的失度，惩罚是一种负性的刺激，应当控制其实用的频率，以免产生负面的抵触心理。

9. 保持工作热情，把快乐融入工作

当我们找到一份新的工作时，我们总是怀有热情的态度对新工作充满着憧憬。然而，当我们在工作了一段时间之后，这种热情难免会消退。据调查，大部分员工在工作的前两年都抱有极高的热情和积极性，然而从事同一岗位超过5年的员工，积极性减退超过50%。

其实这是一种普遍存在的正常现象，谁做一件事情久了，都难免会产生一些厌烦情绪。但是，如果我们想要把工作做得更加出色，就一定要保留对工作的热情，克服这种厌烦情绪。其实，我们可以尝试将快乐融入到工作中，这样可以有效地保持我们对工作的热情。试想，谁不愿意做一件能让自己快乐的事情呢。

方丽丽很幸运，刚从农村来打工就找到了一份在担保公司做文秘的工作，她非常珍惜自己的工作，也非常喜欢自己的工作。她工作相当努力，成绩显著，在3年的工作中，她赢得了“难不倒”的美誉。她有自己的一套工作准则，那就是——今日事今日毕。她处理每一件事都细致周到，并保证它们在第一时间高品质地完成。

凭着自己对工作的热爱和付出的努力，方丽丽还当上了小组长，由于她总能认真倾听同事的想法，了解部下所关心的事情，并领导她的部门出色地完成每一项任务，方丽丽的小组赢得了好评，成为全公司公认的可以委以重任的团队。

与此相反，三楼有一个运营部门，人数众多，绩效却不理想，他们与方丽丽小组形成了鲜明的对比，因此成为大家批评的焦点。为了能让公司有一个全面的改观，老板决定提升方丽丽为三楼的业务经理。

几个星期后，方丽丽慎重而又很不情愿地接受了提升，虽然公司对她接手三楼寄予厚望，但她却是硬着头皮接受了这份工作。她非常喜欢之前的岗位，虽然是晋升，但她对新岗位并没有太多热情。

工作的开展自然十分艰难，由于她自己对于工作的热情不高，加之其他员工也总是消极的态度，在她刚被调任的几周内情况并没有太大改观。逐渐地，她发现如此下去不是办法。方丽丽迅速调整心态，把对这份工作的厌恶转变成了热爱。在工作中，她经常给其他员工说一些有趣的工作趣闻，告诉他们其实这个工作有很多的可爱之处，她非常热爱这份工作。于是，她的这种积极的情绪深深地影响了员工，在这种精神的支持和鼓舞下，方丽丽所在的部门迅速改变，并最终成为公司的典范。

这个故事告诉我们，只有在工作中融入快乐，对自己的工作抱有热情，我们才能够将工作做得更好。并且，这种积极的态度还会感染周围的人，让其他人乃至整个团队都对工作充满了积极性。

作为农民工群体中的一个普通人，我们每天可能都在为了生计而做着自己不喜欢的事情。但是，不喜欢并不能改变实际状况，只会让自己的心理更消极，工作更加不顺利。那么，学会爱上我们的工作吧，把快乐的情绪融入到工作中去，在面对枯燥的工作时就能拥有较高的热情，我们会发现工作其实也很有趣。带有这种积极的情感去工作，我们的工作会变得更加顺利，进而反作用于心理，让我们更热爱这份工作，形成一个积极的良性循环。

在工作中如果我们想要融入快乐抱有热情，首先要学会发现工作中有趣的事情。例如，在工厂中工作时，我们可以利用一些制造残留的边角料来自己制作一些有趣的小玩具，或是想想在工作中与客户或同事发生的一些有趣的对话。这些看似平常的小举动都能够极大地提升我们在工作中获得的快乐。

其次，我们要将自己的工作看做是世界上最伟大的事业。虽然作为农民工的我们，可能做着最为平常的工作，但是我们不要看不起自己的工作，不要认为我们的工作是非常低下的。仔细想想，城市的运作是离不开我们的，我们极大地推动了城市的发展，对城市的基础建设功不可没。并不是只有那些坐在敞亮办公室中西装革履的成功人士才做着伟大的事业，我们的工作也同样是非常伟大的。

第四章

学会宽容豁达，处好人际关系

1.

克服狭隘的不良心理，让自己更合群

在社会中生活，与他人的接触是不可或缺的，而建立自己的交际圈子则是让我们在城市中更好生活的重要步骤。有些人在建立交际圈时，常常抱着自我为中心的心态，结果在与人交流的环节上出现了重重困难。以自我为中心的心态往往让人走向狭隘，认为自己才是整个社交圈的中心，这样其实很容易被人排斥。我们应努力克服这种狭隘的心理，让自己以更豁达的胸襟去与周围的人进行沟通，让别人感觉自己更合群。

作为来到城市中打工的农民工，我们可能由于长时间的农村生活导致眼光与认识和城市人并不相同。而在城市中生活，就要学会适应这里的环境，让自己更合群。在与人接触时，我们一定要摒弃狭隘的以自我为中心心理，不要意图去改变周围人的认识、习惯，而是学会融入他人的生活中。

莉莉是一名来自农村的普通女孩儿，为了改变自己的命运她毅然决然地孤身来到城市进行打拼。刚刚来到城市中的她凭借出色的工作能力和吃苦耐劳的精神在一家餐馆获得了一份服务员的工作。在工作中，她很得领导赏识，但是与其他员工的关系总是很紧张，这让她苦恼不已。

每天午饭过后是餐馆的休息时间，这时大家通常会围坐在一起聊天，讲述一些自己的见闻和有趣的事情。每当这个时候莉莉都非常积极地向大家表达一些自己的看法。这种外向热情的性格本来可以让她非常顺利地建立起属于自己的交际圈子，但是实际情况却不是这样。每次她在向别人讲述自己的看法时，如果有人与她的见解不一致，她就会很快烦躁起来，甚至吵一架。这让大家认为她过于强势，对她渐渐失去了好感。慢慢地，大家在午后休息的时候都尽量远离她，愿意跟她聊天的人越来越少，有时她主动参与进来时大家甚至一哄而散。

这种情况让莉莉感到非常不满，她不但没有从自己身上寻找原因，反而认为其他人根本不能理解自己的想法，她总是对自己说："我说的才是对的，他们不能理解是他们看到我有正确的见解而嫉妒我、排挤我。"

在生活中，她也是抱着一种以自我为中心的心态。每天工作结束回到单身宿舍后，她习惯早早地睡觉。然而同宿的其他同事由于已经适应了城市夜生活，通常会很晚才回来，她认为这样打扰了她的休息，于是她要求同屋的同事必须要在9点之前回来，但却没有人支持她的意见。这让她越来越觉得自己被排挤，于是恼羞成怒。有一次她同屋的一名同事照例十点半才回到宿舍，然而她却将宿舍门反锁将同事关在了外面。这让她与同屋的同事关系进一步恶化，最终同屋的其他人集体向领导反映了这种情况，将她赶出了宿舍。

就这样，她很快地成为了其他同事眼中的"害群之马"，大家都对她敬而远之。由于没有与人交流的机会，她变得越来越封闭，这直接导致了她在工作中也困难重重，经常由于不良的心理无法释放与前来就餐的客人吵架。最后，由于她在工作中的不称职，她被餐馆的老板辞退了。

莉莉的情况就是在社交中抱着以自我为中心的狭隘心理，在交际过程中四处碰壁，最终影响到了正常的工作和生活。她总是希望别人去适应她，她要改变其他人的习惯。但是在任何时候，这其实都是不可能的。每个人都是平等的，我们不可能要求他人为我们而改变。

初来乍到的我们，去学会适应城市中人们的生活习惯，融入城市的大圈子才是快速建立社交圈子的捷径。在与他人的接触中，学会尊重他人的想法和习惯，在不与自己最根本利益相冲突的前提下，尽量去以一个豁达的胸襟去理解他人，这样能够让别人认为我们更合群，更愿意与我们接触。

另外，在我们与他人的想法或习惯发生冲突时，我们应当首先去想想是不是自己的想法和习惯与城市生活不相匹配，而不是去狭隘地认为别人在排挤我们。除非我们自己不想让别人喜欢，否则别人是不会故意疏远我们的。

2. 改善交往心理，远离社交恐惧症

与人交往是在社会中生存的人们所不能避免的一件事，并且善于与人交往的人往往能够更好地适应社会，更好地去生活和工作。在与人交往的过程中，心理因素起着极大的作用，一个好的交往心理能够让我们更快地与他人建立和善的关系，而一个不健康的交往心理则很容易让我们被逐渐地孤立起来，难以与他人进行正常的沟通。

作为来到城市中打拼的农民工，我们远离了自己曾经熟悉的环境、熟悉的朋友、熟悉的交流方式，一个全新的城市生活很容易让我们的交往心理产生问题。在诸多的问题中，最典型的就是对于与他人交往的恐惧。由于不知道如何与周围那些陌生的面孔去沟通，不知道在城市中与人打

交道的方法，我们都难免会在与人交往时心里没底，产生一些恐惧。但面对这种情况，我们更要改善自己的心理，克服恐惧，长久对于交往的恐惧很容易让我们患上社交恐惧症。

小杨今年22岁，是一名从农村走出来的大学生。毕业后的她找到了一份办公室文员的工作。在工作中她细心、努力，很好地完成了领导所交给的任务，然而却很难获得晋升的机会，究其原因是她过于内向，很少与人交流。

她从上大学时，就有个害羞的怪毛病。大学四年期间，她几乎不与人讲话，与人说话时不敢直视对方，眼神也躲躲闪闪像是做了亏心事。每当她与不熟悉的人说话时，脸就会发烧，全身也开始发抖。她不愿与同学接触，怕别人特别讨厌自己或是看不起自己。

这样的情况持续了一段时间后愈演愈烈，上课时甚至对老师都充满了恐惧，只有老师在背对她写板书时她的心情才能放松下来。因此，她常常因为紧张对老师所讲的内容不知所云，在被提问时经常答非所问，这更让她觉得非常无地自容，认为同学们一定会嘲笑她。

怀着这种社交恐惧心理，她在大学中的学习异常艰难，毕业后投入到工作中，她发现自己与陌生人接触几乎成为了不可避免的事情，这让她更加苦恼。更糟糕的是，她现在甚至在亲朋好友面前说话都不太自然了。由于这个毛病，她极少去社交场所，极力地去避免任何与人交流的可能，这让她的社交恐惧心理进一步加剧，形成了恶性循环。

小杨的这种不良心理严重地影响到了她的正常工作和生活，她也希望能够克服自己的这种坏毛病。

小杨的这种情况就是典型的社交恐惧症。社交恐惧症又称社交焦虑障碍，多在17～30岁期间发病。常无明显诱因突然起病，中心症状围绕着害怕在小团体中被人审视，一旦发现别人注意自己就不自然，不敢抬头、不敢与人对视，甚至觉得无地自容，不敢在公共场合演讲，集会不敢坐在前面，回避社交，在极端情形下可导致社会隔离。

有社交恐惧心理的人常常会对自己有着比较低的自我评价，常常伴有自卑的心理，认为自己不如别人。作为刚刚踏入城市生活的我们，在很多人心中可能都会有这种心理。我们可能会认为自己不如在城市中生活的其他人，认为别人会看不起自己，从而认为别人不会愿意与我们交往或是不敢与他人交往。这种不良的社交心理是急需矫正的，这样才能够让我们在社交这一重要的环节上做得更好，让我们更快地融入到城市中去。

在克服不良的社交心理时，我们首先要学会正确地评价自己。

在人际交往中，你对自己的认识越正确，你的行为就越自然，表现也越得体，结果也就越能获得别人肯定的评价，这种评价能帮助你克服自卑和自傲两种不利于人际交往的心理。

人们在评价别人时难免带有主观印象，结果常常因此而“失真”。比如，人们常常根据对方的一些个人资料(如籍贯、职业等)来推断此人的能力水平。这种错误的人际知觉才是造成偏见的主要原因，而这并非是真实的。因此，要对自己有正确的自我评价，才能够在面对别人的歧视和不理解时保持一个自信的心态，让自己敢于继续与他人进行交往。

其次，我们应当学会一些社交技能。如果你在与人交往时总是失败，由此而引起的消极心理就会让我们对社交不自觉地产生恐惧。如果你能多学习一点儿交往的艺术，自然有助于交往的成功。例如，多掌握几种文体活动技能，或是培养一些对于艺术、文学的修养，你会发现自己在许多场合都会成为受别人欢迎的人。

然后，我们在进行人际交往时一定要保持人格的完整性。保持人格完整的最好办法，是在平素的接人待物中，把自己的处事原则和态度明白地表现出来，让别人知道你是怎样一个人。这样，别人就会知道你的作风，而不会勉为其难地要你做你不愿做的事，而你也不会因经常需要拒绝别人的要求而影响彼此间的人际关系了。

最后，在与人进行接触时要学会和别人交换意见。克服社交恐惧心理有赖于良好的人际关系，而良好的人际关系恰恰要建立在互相了解的基础上。与人之间的相互了解又要靠彼此在思想上和态度上的沟通。因此，经常找机会与别人谈谈话、聊聊天，讨论某些问题，去倾听别人的意见和看法并将自己的意见传达给其他人是非常重要的。

3.

消除沟通障碍，走出交流误区

如果我们的性格非常热情，如果我们非常愿意与他人沟通，如果我们对自己充满自信，我们就能够顺利地建立起一个属于自己的社交圈子吗？我们是否在这其中忽略了一些重要的细节呢？

在社交过程中，建立沟通关系只是第一步，能够维持与他人的长期交流和沟通才是核心。这就让我们必须去消除沟通上的障碍和误区，将这种人际关系发展并维持下去。作为新时代农民工中的一员，学会如何维系自己的交流圈子是我们能否在城市中获得更好生活的关键。如果在与他人的接触和交流中出现了障碍或是走进了误区，我们的人际圈子很可能被一点点地破坏，最终让我们被孤立。

张某傍晚骑电动车回家，在楼道入口处停下车，想取下电瓶，让随行的朋友照看一下，自己将车停到车库后再一起上楼，本来也知道不应该挡在楼道口的，但因为想省事而且停的时间很短，也就没在意，不料被身后几个老太太看见了，七嘴八舌地就唠叨起来,"哎呀,挡住楼道了,挪到边上去嘛!""哎呀,这个小青年!"某君最近正有烦心事,于是忍不住说:"你们看看清楚,我拿下电瓶马上就停到车库的,真是的,麻烦。"事虽小,但因当时的语气和态度很差,某君事后很后悔,感到自己这么一吵,不知会给身边这位朋友和自己的邻居留下什么样的印象,而且一时也难以解释清楚。

张某的情况就是在与他人的交流中处理不当,无法通过正确的途径来阐述自己的观点,进而在与他人的沟通中形成了障碍,让别人误解自己是一个蛮横、不讲理的人,让他在邻居和朋友心目中的形象大打折扣。

俗话说:远亲不如近邻。如果我们能够跟身边的人进行良好的沟通,维系良好的关系,在我们遇到困难需要帮助的时候,多方的援手会对我们克服困难起到至关重要的作用。并且,这会让我们认识到社交圈的重要性,也让我们远离故乡的内心得到一丝慰藉和温暖。

如果我们希望与身边的人维系良好的沟通关系,那就一定要避免走入以下的一些误区。

误区一:今天必须跟他争个对错。

在双方谈话火药味十足而无法再继续的情况下,通常是因为我们犯了一个很严重的错误:双方已经陷入了一种敌对状态。此时的谈话就像变成了一场战斗,只有胜者和败者之分。但实际上,如果双方都提高说话的声调,特别是在公共场合,那么彼此都会很尴尬,双方皆输,没有赢者。要清楚,真正的敌人不是与你谈话的对象,而是这种敌对的交流状态。我们要在交流中把对方当做自己的朋友,这样别人才能够同样真诚地对待你。

误区二:我不屑于跟他聊天。

在我们与他人的交流中,彼此尊重永远是保持和谐状态的关键。在交流中,对别人的鄙视、不屑并不能使我们更加高大,反而只会让别人觉得我们非常肤浅、狭隘。同样,如果遇到了别人的不尊重也不要暴跳如雷；如果对方的语气颇具挑衅性，也切记要确保在自己不失态的情况下予以回应。记住，宽容永远是对那些不怀好意的人最好的报复。

误区三：他根本就是在胡扯。

在谈话过程中，不悦、恐惧、气愤、尴尬和防卫等这些负面情绪都是双方竭力避免的。有些人在谈话对象面前表现得过于激烈，我们甚至可能看到双方针锋相对的情况。这时，你需要缓和一下，说出你真正想说的东西，这种坏情绪并不会立刻消失。但是，通过心理上的克制，你会忽略这种情绪而开始关注交流本身。

误区四：他这样说有什么目的。

"乐观的人会认为，谈话中的每一次分歧都是两个善意人之间的误解，而悲观的人或许认为意见分歧实际上是一种恶意的攻击。"在谈话遇到阻碍的情况下，其实我们不必去猜测任何人的意图，只要清楚自己的意图就好。记住你和你交流的对象都对彼此的意图模棱两可。如果遇到交流上的困难，只要记住这句话就可以了："在我们谈话的过程中，我意识到我没有充分理解你对这个问题的看法。"大胆地承认你不知道的东西，这会让你们之间的沟通回到正轨。

这四种交流误区是最为常见的，避免踏入这些误区能够让我们在与周围人交流时保持更加愉快、和谐的气氛，让我们和对方都更加享受与彼此进行沟通，建立更好的关系。

在与他人的交往中，除了交流上的误区以外，沟通上还会存在一些其他的障碍。这些障碍中最主要的一个就是沟通通道出现了问题，阻碍了我们正常地与人进行交流。

沟通通道的障碍主要是以下几个方面造成的：

第一，选择沟通方式不当。

比如，当我们在向他人传达一件非常重要的事情时，口头描述时以一种随意的状态进行，这就会让对方认为这件事情没什么大不了，只是说说而已，这样往往会造成不必要的误会。而如果我们通过严肃的谈话或是文字上的沟通，就会让对方更加重视。可见，选择一个合适的沟通方式是能否正确传达我们想要表达的信息的关键。

第二，在沟通时多个表达信息冲突。

当我们在跟对方沟通时，如果使用了多种信息的表达方式，但这些表达方式之间不够协调，就会让对方非常难以理解我们的想法。例如，当我们在表扬对方时却做出一副严肃的表情，这样就会让对方非常困惑我们真正想表达的意思。

第三，沟通的中间环节过于复杂。

在我们与他人进行沟通时，有时由于各种原因可能会利用中间人去传递信息。例如，在向领导提出一些问题时，可能需要逐级地向上进行汇报。在这种情况下，由于信息在传递过程中经过了复杂的中间环节，可能会损失或曲解其中重要的内容。因此，在与他人进行沟通时，最好是采用直接沟通的方式或是较为简单的中间环节，不要让太多人参与到“递话”中去。

第四，嘈杂的交流环境。

作为农民工中的一员，我们常常会在较为嘈杂的环境中进行工作，例如工地、餐馆、批发市场等。这让我们在交流时，可能由于外界噪音的干扰而影响沟通效果。在与他人沟通时，我们最好能够尽量远离嘈杂的地方，选择相对安静的环境，这样能大大提高沟通的准确性和效率。

说了这么多，我相信如果我们能够尽量去消除以上的一些沟通障碍，避免踏入一些交流误区，我们一定能够创造出一个更好的人际交往圈，让我们更快地融入到城市的生活中，也能够在需要时得到更多的帮助。

4.

走出自我封闭，让自己更有亲和力

与人交流就像我们的工作和生活一样，总会在某时某刻发生一些不尽如人意的事情，或是在刚刚进入一个新的环境时在交流上四处碰壁，这都是非常正常的现象。作为一名努力适应城市生活的农民工，我们在与周围的人群接触时难免会由于不同的生活环境和文化积淀而产生一定的隔阂。面对这种情况，我们不要气馁，不要自暴自弃，而是应当努力去寻求一种途径来改变。

可能在开始我们会感觉到与人交流非常困难，不但没有共同语言，还经常感觉自己低人一等，这都是可以理解的。只要我们力图改变，这种隔阂很快就会消除。不管在与人交流的过程中面对怎样的困难，我们都应当敞开心扉，一次次地去尝试，当我们熟悉了城市人群的交流习惯，这种隔阂自然而然地就消除了。一定不要因为在开始时的交流困难而选择放弃，封闭自己的内心，这样只会让你离这个社会越来越远，最终无法正常地工作和生活。

欣欣是一名来自农村的打工者，经过自己的刻苦努力在工作之余考下了会计证，进而在一家企业成功应聘到了会计的职位。由于工作岗位的缘故，欣欣逐渐地在心理上形成了一种“职业病”，做什么事情都谨小慎微生怕出错。

渐渐地这种情况影响到了她工作中的其他方面，以致有了一些人际交往方面的问题。她总觉得自己很古怪，和别人说过话之后，或者做过什么事之后，总是会一遍遍回忆刚才说话的细节，唯恐自己说错了什么或者做错了什么，如果觉得自己有不妥或者丢人的地方，就会格外紧张。

在工作单位中人际关系比较复杂，欣欣这种害怕与人交流的情况越来越严重，感觉和任何人的交往都格外不自然，平时只想一个人闷头干活，不想与人交流，但觉得这样不好，总是刻意逼迫自己和别人打招呼或者说话，每次强迫自己和别人交流，就会很别扭很紧张，感觉自己的样子一定非常不自然。而且已经开始觉得领导对她有意疏远。她平时就是那种不太会开玩笑的人，身边的人很少能和她开玩笑，总是一副敬而远之的态度。

奇怪的是，她事前和事后都会想很多，但是真正遇到事的时候，在当时就想的很少，比如和别人面对面交流的时候，经常会说出一些不该说的话，嘴不甜，不喜欢说客套话，事后又总是后悔得不行。几乎从来不敢把真正的自己展示出来，一直觉得自己是在拙劣地演戏。

她很害怕上班，上班之后就不得不面对复杂的人际关系，更重要的是，她根本不知道自己该怎样做，她所有的关注点都是"我应该怎样做""怎样做是对的""别人喜欢我怎样做"，完全找不到自我。她开始选择自我封闭，刻意躲开与他人交流的机会，结果形成了恶性循环，最后甚至全单位的同事都无法与她交流，她感觉到自己非常孤独、无助。

欣欣的情况就是由于性格的原因导致在与人交流的过程中不断碰壁，而这种情况在她心中形成了消极心理，她没有积极地去调适反而选择了逃避，封闭自己的内心，但是却让这种情况愈演愈烈。

自我封闭心理实质上是一种心理防御机制。由于个人在生活及成长过程中常常可能遇到一些挫折引起个人的焦虑。有些人抗挫折的能力较差，使得焦虑越积越多，他只能以自我封闭的方式来回避环境以降低挫折感。自我封闭实际上是一种对环境不适应的病态心理现象。

自我封闭心理主要具有以下一些特点：

（1）普遍性。即各个年龄阶段都可能产生。儿童有电视幽闭症，青少年有性羞涩引起的恐人症、社交恐惧心理，中年人有社交厌倦心理，老年人有因“空巢”和配偶去世而引起的自我封闭心态等。

（2）不愿与人沟通。有封闭心态的人不愿与人沟通，很少与人讲话，不是无话可说，而是害怕或讨厌与人交谈，前者属于被动型，后者属于主动型。他们只愿意与自己交谈，如写日记、撰文咏诗，以表志向。

（3）逃避性。自我封闭行为与生活挫折有关，有些人在生活、事业上遭到挫折与打击后，精神上受到压抑，对周围环境逐渐变得敏感和不可接受，于是出现回避社交的行为。

作为农民工中的一员，我们也非常可能会由于环境造成的种种压力而产生逃避的想法，进而让自我封闭心理在心中滋生。自我封闭心理会导致我们越来越与他人疏远，这样便更加剧了这种自我封闭心理，形成恶性循环。其实，当我们在与人沟通的过程中遇到了困难，不妨尝试改变自己固有的观念，调适自己的心理，让自己显得更有亲和力。

当我们发现自己有自我封闭的倾向时，可以尝试下面一些方法，让自己走出这个怪圈，正常地与人进行交流和沟通，让自己更有亲和力。

（1）要乐于接受自己。在现实生活中，人们常常面临很多挫折，有些人就会把失败原因归结到自己身上，充满自责，同时非常介意别人的评价，遇事忐忑不安。有这种习惯的人，应该学会挖掘自身的优点，将失败尽量归结到不可逆转的外界因素，不要在乎别人的说三道四。这样，就会逐步自信起来，最终走出自我封闭的小圈子。

（2）提高对社会交往和开放自我的认识。要认识到社会交往的重要性，不怕出丑，随时表现自我，使自己成为集体中的一员，享受团队的快乐和温暖。同时把自己向交往对象开放，既了解他人，又让他人了解自己，在社会交往中确认自己的价值。

（3）系统脱敏法。自我封闭者可由易到难，一步步地扩大和外界的交往，如通过“打电话——写信——上街——拜访朋友——参加集体活动——在公开场合发言……”这样一个循序渐进的过程，从而勇敢地介入生活。

5. 克服羞怯心理，主动与别人交往

徐志摩曾经在诗中这样写过："最是那一低头的温柔，像一朵水莲花不胜凉风的娇羞……"这种娇羞的美非常让人神往。不过，当我们走进城市生活后，如果还保持这种羞怯，那么我们就很可能被这个社会所抛弃。

羞怯是最为常见的逃避行为，它也同样是一种心理防御机制。在日常生活中不乏这样的人，在与陌生人说话或是在公共场合发言时就会变得异常紧张，脸红舌硬。这就是典型的羞怯心理。这是一种非常正常的心理现象，但是如果不加以克服，它就会逐渐走向极端，形成消极心理。

在日常生活中过分怕羞有碍于工作、生活和人际交往。这是因为有怕羞心理的人过多地约束和拘谨自己，而难与人建立亲密的关系；因沮丧、焦虑和孤独则导致性格上的软弱和冷漠；因怕羞而怯懦、胆小和意志薄弱。怕羞心理随着年龄的增长和交往的增多，可以逐渐减轻。如果到了婚恋年龄还怕见生人，不敢与人接触和交往，这就变成一种病态心理了。

明明是一名来自农村的女大学生。她在上课、上自习等安静的环境中都会感到紧张，一紧张她就会突然睁大眼睛、耸肩、胳膊手指抖动。尤其是上课旁边有男生，即使他们可能相隔很远她都会很顾及，想着我翻书造成的响声是不是很不自然呢？她怕别人认为自己是个会因为男生脸红的懦弱女孩。每次和男生坐邻桌更像打仗一样。

明明是个严肃的人，性格非常内向，为人腼腆。而这种情况让她上课一直无法跟上老师的思路，看着老师像在看无声电影。她很看重学习，想在学习上取得成功。她也深深懂得上课时间的宝贵和课上学习效率的重要性。但是她就是克服不了这种羞怯心理，一上课就进入一种“备战状态”，紧张得像一只受惊的小猫。

就因为这个原因，她甚至不能自由地在教学楼、图书馆上自习。她没法发挥自己的潜能或是展示自己，又羞于对同学讲。她非常希望和同学在一起可以很轻松自然，克服羞怯心理，也能给他人带来轻松，让她自由地发挥她的潜能，而不是过分在乎别人的想法。

明明的情况就是病态羞怯心理的一种典型表现。过分的羞怯让她很难与他人交流，甚至只要周围有人在她就会表现得非常紧张。这严重地影响了她的正常生活和学习，也让其他人在与她沟通时更为困难。

羞怯心理是阻碍我们更快建立交流圈子的一大难题，很多人尤其是女性在进入新环境尝试与人交流时都会产生这种心理。其实，我们可以尝试使用一些心理调适的方法来克服这种心理，让自己在与别人进行交流时显得更大方，这样也能够让他人在与我们交流时更加轻松、愉快。

首先，在与人交流时要有自信。对于怕羞的人来说，千万不要为自己的短处而紧张，恰恰相反，应经常想到自己的长处，要深信：“我在别人心目中其实很优秀。”要培养自信心，相信只要我们敞开心扉去与人交流，他一定会非常享受与我攀谈的时光。

其次，不要害怕别人背后的议论。那些怕在大庭广众中讲话，羞于与人打交道的人，其实是害怕别人否定的评价，从而选择了逃避。这样越怕越羞，越羞越怕，便会形成恶性循环。其实仔细想想，再成功的人不是也有人背后议论吗？要把被人评论当成是正常的事，不必过分看重。有时，否定的评价还有可能成为激励自己的动力。

再次，我们要学会锻炼自己，主动与别人交往。在日常的工作和生活中，我们可以利用各种机会循序渐进地锻炼自己，克服羞怯心理。开始可以先在熟人范围里多发言，然后在熟人多、生人少的范围内练习，再发展到生人多、熟人少的场合，逐步增加对羞怯的心理抵抗能力。每到一个新场合之前，我们可以事先做好充分准备，增强信心，提高勇气，这样很快就可以让自己成为一个善于沟通、敢于沟通的人。

最后，我们可以利用自我暗示来克服羞怯心理。每到陌生场合自感紧张时，可用暗示法镇静情绪，例如我们可以暗示自己：眼前的这个陌生人其实已经跟我很熟了，或者是我一定能够跟他很好地沟通。这样怕羞心理就能减少大半。当怕羞者在陌生场合勇敢地讲出第一句话之后，随之而来的很可能就是流利的语言了。用自我暗示法突破起初的阻力，是克服羞怯的一种有效措施。

除了要使用得当的心理调适方法外，还要正确认识自己，承认“羞怯”是自己的弱项，承认他人的长处，这样当别人注意到你的这方面时，你才不会紧张或刻意地掩饰自己，才能采取随和的态度，也只有这样，你同别人的关系才能更加密切而友好。

只有善于并乐于表达，并使别人在与你的交谈中获得乐趣，别人才愿意与你交谈，你也才能从羞怯的阴影中摆脱出来。关注他人平时的言行，留心他人的习惯和爱好，了解对方对什么样的话题最感兴趣。这样，与人交往时就能投其所好，使人觉得你容易接近。这样就能够让你成功地与别人进行良好的沟通，增强自己的自信心，形成良性循环。

6. 拆除冷漠这堵墙，学会喜欢所有人

在我们与人交流的时候，肯定都是愿意选择那些自己喜欢的人。这其实是一种并不健康的心理。这种心理让我们的交际面变得更窄，在建

立属于自己的交流圈子时更加困难。在与人交流时，我们不要凭自己的印象去选择交流对象，因为我们的印象有时候并不客观。

不要对自己不喜欢的人过分冷漠，而是更应当尝试与他们进行接触，有可能在与他们接触过后，我们会发现自己的认识并不正确，其实他是一个非常容易相处的人。如果我们总是对自己不喜欢的人产生冷漠，就会让自己的心理产生消极的情绪，这在心理学上被称为“情感冷漠症”。这种冷漠如果不加以控制，慢慢就会蔓延到身边的人甚至是亲人身上。

情感冷漠症会让我们对外界刺激缺乏相应的情感反应，对亲友冷淡，对周围事物失去兴趣，面部表情呆板，内心体验缺乏，或是内心想法丰富，流露于外部的非常少；对人或事缺乏兴趣，无责任感，不会关心人，没有同情心，常常显现的是对事物无动于衷的表情。这种表现会让他人很难与我们接触，逐渐疏远我们。这让我们在内心深处，充满孤寂和凄凉，总是对外界持不信任和不满意的态度，对感人的事件怀疑，甚至拒绝感动。

王凯是一名来自农村的外出务工者，刚刚走进城市的他对这里的生活和这里的人都充满热情。他总是主动地去与周围的人沟通、交流，但是在这过程中，他却养成了一个非常不好的毛病——他总是将接触到的人分为两类，他喜欢的人和他不喜欢的人。他喜欢的人会被认定为“好人”，而不喜欢的人则会被认定为“坏人”。他对那些“好人”非常热情，愿意去帮助他们，而对那些“坏人”则表现得十分冷漠，即使他们急需帮助，他也会视而不见。

但是，并不是所有的人都会认同他对于一些人的想法。很多情况下，他的朋友很不能理解他为什么能够对其他人如此冷漠。有一次在公交车上，他和朋友坐在座位上聊天，这时上来了一个十六七岁的小女孩。上车后不久，小女孩对售票员说自己晕车感到非常不舒服，希望能够换到一个靠窗的座位。而他的朋友意欲起身与这个女孩换座位。然而他却拉住了他的朋友，跟他说:“这个女孩什么问题都没有,她就是想坐靠窗的座位能更凉快,不要相信她,我一看就知道她是在骗人的。”王凯的朋友对他的看法并不认同,但是最终实在拗不过他,便没有换座位。结果没过多久,女孩就由于晕车急忙下车在路边开始呕吐。

经过这件事以后,这个朋友开始逐渐疏远他,认为他是一个冷漠的人。而他自己却并不觉得自己有什么问题,依旧我行我素。很快地,他身边本来和他非常要好的一些朋友都因为他对一些人的过分冷漠而远离他,大家都觉得,他既然能够对其他人这么冷漠,有一天也许也会对自己变得如此。

王凯对于自己身边的朋友离开他感觉非常愤怒,他并不认为是自己的冷漠造成了这种结果,反而变本加厉。他开始不相信周围所有的人,认为他们都只是表面上跟自己很要好,根本没有必要跟他们深交。于是,他开始对周围的所有人都变得冷漠,而自己的内心也越来越消极、孤独。

这种心理让王凯一个朋友都没有,有时在他需要帮助的时候没有人愿意帮他,因此他也从不帮助别人。这种情况最终导致他无法在这个城市中继续生存,他认为城市中的人都太过冷漠,殊不知是自己的冷漠造成了如今的窘境。

王凯的这种情况就是由于价值观的不正确导致的冷漠心理,这种冷漠心理给周围人造成了非常不好的印象,最终让所有人都远离他。而他却没有意识到自己的心理问题,反而走向了极端,最终形成了“情感冷漠症”,让他根本无法在城市中正常地生活。

俗话说:多一个敌人不如多一个朋友。在这个世界上,不可能所有人都让我们喜欢,正像我们不可能让所有人都喜欢我们一样。学会去接受那些我们不喜欢的人,而不是用冷漠去对待他们。这世界上大部分的人都与我们无关,其中有很多人我们并不喜欢,如果我们都以冷漠的态度去对待他们,只会让我们在与人交往的道路上走得异常艰难。

冷漠是一种非常需要克服的心理问题，它可以说是与人沟通的大敌。冷漠主要会导致下面两种情况：

一是交往不畅。冷漠的心态使人不能深入到社会生活中去，不能和朋友、同事、邻居形成紧密的关系，看不到社会生活的真谛，看不到人的心灵深处那些高尚美好的东西，看不到真正的生活和真正的人生，看不到未来的希望和曙光，看不到挚友和知音。冷漠让人内心深处充满孤寂、凄凉和空虚，让心理逐渐变得消极。

二是易走极端。冷漠的心态容易使人压抑自己的热情和活泼的天性，造成心灵的麻木。冷漠的心态也容易使我们把自己从人与人之间互相依赖的密切联系中割裂开来，以一种不以为然的、讥讽的、嘲笑的眼光看待一切，形成“事不关己，高高挂起”的人生态度。

一旦形成这种心理，就会让我们走进恶性循环，最终导致“情感冷漠症”，让我们对所有人甚至我们的亲人都抱有这种冷漠的态度。这不但会伤害我们自己，也会伤害我们周围的人。因此，我们一定要适当地进行心理调适，克服这种冷漠的消极心理。

要想克服冷漠这种消极心理，主要有以下一些办法：

(1)认识冷漠的根源。人们常说“人之初，性本善”，我们的心地其实原本是热情、善良的，它之所以变得冷漠，往往是由于受到不正确的价值观影响。这个世界本没有绝对的“好人”和“坏人”，好坏只是相对而言，我们不应当用自己的主观意识去评价一个人，而是应当学会与所有人接触，在接触后得到相对客观的结论。而不管结论如何，我们都要对所有人抱有一种热情，这种热情是克服冷漠心理的最好帮手。

(2)投身社会公益活动。要让我们有一颗热情的心，就应该多参加社会公益活动。比如观看赈灾义演，参加社会各界为“希望工程”的捐款，去敬老院参加义务劳动……应尽可能多地为自己创造条件，提供机会，让自己全身心地投入这些活动，感受公益活动的意义，唤醒内心热情的一面。

(3)强化爱心行为。在生活中也许会有一些看似微不足道的爱心行为，我们在内心说服自己去做，“勿以善小而不为”。当我们扶起摔倒的小孩子、为迷路的老人指点路线、为操劳中的同事送上一杯热茶、把自己的衣物捐献给贫困山区的孩子时，我们的热情和爱心就在默默地被强化，遏制冷漠心理的滋生。

(4)学会设身处地。要想让自己学会真正关心、体贴他人，就必须引导我们的内心站在他人的立场上，设身处地地为别人着想。在面对需要帮助的人时，我们可以呼唤角色，假想如果自己是这样的处境需要帮助时是怎样的心态，让我们体验相关角色的内心感受，认识到所有人都渴望得到关心和帮助，进而改变冷漠态度。

7.

面对矛盾，主动化解胜于被动接受

在我们与朋友、同事、亲人相处的日子里，有着数不尽的欢声笑语，然而也有着数不尽的矛盾。面对这些矛盾，我们可能会不知所措，可能会有着说不清的委屈与苦衷。但是，不管怎样我们都不能选择逃避，矛盾发生了就有它发生的根源，因此一定要想办法去化解。

在面对矛盾时，我们首先要去接受，正视矛盾已经产生。但是，在接受之后，我们不要只去期待另一方主动去化解，如果所有人都这么想，那么不就没有人去努力化解矛盾了吗？矛盾如果不能及时化解，很可能会逐渐积累，酿成更大的矛盾，最终让我们珍惜的朋友、同事、亲人与我们产生非常大的隔阂。

欣月和婷婷是非常要好的朋友，她们共同在一家工厂做分拣的工作。然而这一天下班后，欣月却非常惊恐地逃出单位不敢回家，而是躲在了保安室中，原因竟然是害怕自己的好友婷婷要打她。

原来，在一个月前，欣月和婷婷由于一点儿小事大吵了一架，之后欣月不但没有想办法去解决这一矛盾，而是为报复婷婷去其他同事那说她的坏话。后来婷婷发现很多同事都故意避开她，并且在背后议论她。于是她经过不断追问知道了欣月说她坏话的事情。面对好友如此对待，婷婷怒火中烧，在下班前找到欣月让她在工厂门口等着。之后欣月又看到婷婷跟自己要好的朋友在一起密谋什么，她非常害怕，怕婷婷真的要打她一顿，于是就跑到了保安室躲避。

很快工厂的领导便得知了这一消息，于是出面想要化解她们之间的矛盾。领导首先了解了婷婷的家庭情况：她的父亲很早得病去世了，现在是和继父一起生活，而且继父和母亲还生了个妹妹，在家很少得到父母的关爱，因此非常在意朋友之间的友情。领导得知了这些情况后对婷婷说："朋友之间的矛盾又不是不共戴天的，不是不能解决的，可能是一时的误会，没有相互交流而越来越深，如果能在一起把话说清楚，可能误会就会消除。矛盾宜解不宜结，任何人总不想在班上多一个敌人少一个朋友嘛。"

婷婷向领导诉说了事情的原委，不过是小女孩间一些鸡毛蒜皮、说是撩非的小事。领导经过对她们家庭的了解，终于明白了为什么这些鸡毛蒜皮的小事也能闹出这么大问题。

原来婷婷和欣月的家庭都是后组成的家庭，在家里可能都缺少关爱，所以对朋友间的友谊就特别的珍惜，以至于容不下朋友的半点背叛，哪怕只是在背后说说坏话这样的事也容忍不了，于是矛盾才越来越深。领导对婷婷说："以前你们是好朋友，两个人都很看重友情，为什么不珍惜而要互相说坏话呢？什么事情不能坐下来把话说清楚，我想你们肯定是一场误会，把误会消除了不又是好朋友了吗?”婷婷听领导这么一说,有点儿动情,声音低低地说:“其实我不是想打她,是想吓吓她!我也想和她重归于好!”

欣月也对婷婷说:“对不起!我不该那么做!如果我早点积极地去找你重归于好也不会出现现在的情况。”婷婷也真诚地握住了欣月的手说:“没关系!我也不应该等着你来道歉,而应该主动去修复咱们之间的友情。”两个人重归于好。

欣月和婷婷其实只是因为一点儿非常小的矛盾,但是由于双方都没有正确地处理这一矛盾,让矛盾不断升级,险些毁了友谊。若不是单位领导觉察,积极地从中调解,两人很可能因为这一小小的矛盾而导致关系破裂。但是,不是所有时候都能够这么幸运地有人从中帮忙,因此在面对矛盾时,我们应该学会自己去主动化解,而不是被动地等待。要知道,矛盾如果不去解决是永远不会消失的,它会让矛盾双方心里都好像有一个疙瘩一样,逐渐产生隔阂甚至酝酿出更大的矛盾来,这是谁都不希望发生的情况。

作为来到城市中拼搏的农民工,我们建立起的与同事、邻居、朋友之间的友谊更是非常不容易,因此千万不要让一点儿小小的矛盾而毁了我们长久的努力。在面对矛盾时,我们一定要以一个积极的心态和正确的方法去解决。

首先,在矛盾发生后我们要学会冷静。再好的朋友之间也会发生矛盾,发生矛盾不代表对方不再当自己是朋友,而很可能只是简单的意见不合而已。因此我们在矛盾发生时要学会冷静,不要变得愤怒。任何人之间都不可能达到绝对的统一,认清这一点我们就能够冷静地分析矛盾产生的原因,选择更恰当的方式去处理。愤怒只会让我们在处理矛盾时采用过激或是不恰当的方法,从而陷入更深的矛盾。

其次,要学会退让。“退一步海阔天空”,在矛盾发生后,如果我们能够积极主动迈出退让的一步,那么事情往往会变得非常易于处理。先去说声“对不起”并不代表低声下气，并不代表委曲求全。相反，敢于先开口说对不起的人会让别人感受到你宽宏的胸襟和对友谊的无比珍惜，谁不愿意和这样的人做朋友呢？我们首先退一步，那么另一方肯定也会进行退让，双方的矛盾就这样简单地化解了。

最后，要学会“换位思考”。在矛盾发生时，我们如果能够用“换位思考”的思维模式站在对方的角度考虑，很可能会发现很多自己的问题和对方的难处，这样就让我们能够更好地化解彼此之间的矛盾。如果双方都站在对方的立场上去想问题，就可以发现矛盾中存在的很多误会，消除了误会矛盾自然也就消除了。

8.

学会宽容，避免冲突升级

“海纳百川，有容乃大”，自古以来宽容就被认为是人类最高贵的品质之一。而心理学认为，宽容的心态不仅能够让我们更轻松地处理人与人之间的关系，也让我们的内心充满了积极的情绪，将心理调节到一个健康的状态。

“生气是拿别人的错误惩罚自己”，哲学家康德曾经这样说过。其实仔细想想，当我们因为一个人犯的错误或是对自己的伤害而生气，除了让我们的心理更加消极以外，不会改变任何事情。那何不尝试让自己更加宽容，不管什么事情都能够以宽容的心态去包容它。

第二次世界大战期间，一支部队在森林中与敌军相遇。激战后，两名战士跟部队失去了联系。

两人在森林中艰难跋涉，他们互相鼓励、互相安慰。十多天过去了，仍未与部队联系上。一天，他们打死了一只鹿，依靠鹿肉艰难度日。这以后他们再也没看到过任何动物。他们把仅剩下的一点鹿肉，背在身上。又一次激战后，他们巧妙地避开了敌人。

就在自以为已经安全时，只听一声枪响，走在前面的年轻战士中了一枪——幸亏伤在肩膀上！后面的士兵惶恐地跑了过来，他害怕得语无伦次，抱着战友的身体泪流不止，并赶快把自己的衬衣撕下来包扎战友的伤口。

晚上，未受伤的士兵一直念叨着母亲的名字，两眼直勾勾的。他们都以为他们熬不过这一关了，尽管饥饿难忍，可他们谁也没动身边的鹿肉。第二天，他们得救了。

30 年后，那位受伤的战士安德森说："我知道谁开的那一枪，他就是我的战友。当时在他抱住我时，我碰到他发热的枪管。但是，我想我理解他。我知道他想独吞我身上的鹿肉，他想为了他的母亲而活下来。此后 30 年，我假装根本不知道此事，也从未提及。他母亲还是没有等到他回来，我和他一起祭奠了老人家。那一天，他跪下来，请求我原谅他，我没让他说下去。我们又做了几十年的朋友。"

在面对一个曾经想要置他于死地的朋友，他并没有选择责问、报复，而是选择了宽容。试想，如果他在发现是自己的战友想要开枪打死他时去报复，去跟他拼个你死我活，他们可能都无法活着走出那个森林。然而，他了解自己的战友为何在这时做出了错误的决定，他以包容的心态平息了事态，让两个人一起避免了最坏的情况发生，给了他们活下去的机会。

作为一名生活平淡的普通打工者，我们可能不会有这样出生入死的机会，但是在很多事情上，道理其实是一样的。当我们身边的人犯了错误或是冒犯了我们，我们如果能够以一个包容的心态去对待，那么他人一定会被我们所感动。相反的，如果我们与他针锋相对，反而可能使本来非常小的冲突升级，最后弄得两人都没有办法收场。

要过春节了，老巩与老婆吵了一架，而且吵得够凶。老巩一气之下去加班出车。

老巩是市长途客运公司的司机，本来节前领导没有安排他出车，是他休息、过年的休闲日子，他来主动“请缨”让领导很意外。可是年关好多人要请假，安排不开，老巩这一举动给领导解了围。于是给他安排了一个班次，年三十的下午也就赶回来了。

老巩他们的客运线地处山区，弯多路险，盘山的公路，一侧就是万丈深渊。没有丰富的驾驶经验是不能跑这一路段的。

腊月三十，老巩载着一车急盼年前进家门过年的乘客，从外地开往回家的路上。太不顺利，车子像发了狂，老是抛锚！一次抛锚，停车修理，耗去不少时间。可跑不多远再次抛锚，一修理又花费不少时间。归心似箭的乘客开始骚动，担心三十晚上不能和家人团聚，有人开始诅咒、谩骂司机。

老巩心里更急，这样抛锚是他开车几十年没遇到的。自己毕竟是开车的，车子维修保养都有专门的修理工负责。加上心中想到和老婆置气，回家能不能过好年还说不好。也想凑合着能把车开回去。

随着抛锚次数增多，乘客的谩骂声逐浪高：“你会不会开车？”“你不想回家过年，我们还想呢！”“没见这么废物的司机，不如回家抱孩子！”……

老巩的徒弟，在车抛锚时跑前跑后给师傅递工具，擦汗水；车上的一位解放军战士也是默默帮老巩一把，让老巩还感到一点儿温暖；车上还坐着一个带孙子的老奶奶没有加入指责、谩骂的行列，还开口劝大家：“大家宽容点儿，少说几句吧！司机也是同路上的人，他也不想车老出毛病，也想早点儿回家呀。”“你们骂顶什么用？有会修车的下去帮帮忙，大家也早点儿到家。”

老奶奶的话不起作用，指责、挖苦、谩骂还是盖过她的声音。

老巩这次修完车，拿出两个桶，让解放军战士和徒弟，到附近的小河沟打水，灌汽车水箱。然后让老奶奶下车把小孙子撒泡尿，说是这次再也不会停车了。

老奶奶下车带小孙子撒尿，老巩坐到驾驶座上，还有人问：“还会不会再抛锚？”老巩黑着脸说：“再也不会抛锚了。”说着关上车门，发动了车开出去。没等老奶奶和打水的两人就开了车让大家很惊讶，可他们不知噩运在等着他们——老巩加大油门，开足马力，笔直向前开去，一车人一起翻入深渊……

第二天新闻报道：昨日一辆大客坠崖……车上人员全部遇难……

本来好好的节日，却笼罩上了死亡的阴影。究其原因还是司机老巩在家里就被老婆苛责，内心充满了抱怨，并没有以一个宽容的心态去对待这件事儿。他选择了加班来逃避这一切，然而却又受到了乘客的责备，面对所有人对他的苛责他最终精神崩溃，将那些对他不宽容的人一起拉下了死亡的悬崖。

可见，在生活中有一颗宽容的心是多么重要，它很有可能将你从万劫不复的深渊边上拉回来，给你一个美好的人生。作为初来乍到的农民工，我们也会遇到很多不正确的责备、歧视和很多人的不理解。面对这些，以一个宽容的心态去包容，避免那些可以避免的冲突，对已对人都是有百利而无一害的。宽容，是一种豁达、也是一种理解、一种尊重、一种激励，更是大智慧的象征，强者显示自信的表现，是很多积极心理的原动力。

第五章

善于管理情绪，合理宣泄及时调节

1. 集喜怒哀乐于一体，情绪是个奇异果

情绪是身体对行为成功的可能性乃至必然性，在生理反应上的评价和体验，包括喜、怒、忧、思、悲、恐、惊七种。行为在身体动作上表现得越强就说明其情绪越强，如喜会是手舞足蹈、怒会是咬牙切齿、忧会是茶饭不思、悲会是痛心疾首等等就是情绪在身体动作上的反应。美国哈佛大学心理学教授丹尼尔·戈尔曼认为："情绪意指情感及其独特的思想、心理和生理状态，以及一系列行动的倾向。"

情绪就像一个奇异果，是多种积极、消极因素组合起来的整体。当外界对我们施加了某些刺激，我们的内心就会对这些刺激有一个主观的体验和感受，让我们产生一定的心理和生理反应。我们无法直接观测内在的感受，但是我们能够通过其外显的行为或生理变化来进行推断。

既然情绪是积极和消极因素形成的整体，我们就需要对其进行一定的调适。将其中积极的因素尽量扩大而将消极的因素尽量削弱。但是，情绪是不可能被完全消灭的，因此我们需要对各种情绪进行有效疏导、有效管理、适度控制。

洋洋和男友一起从乡镇来到城市中打工，他们通过自己的努力都获得了一份不错的工作，她的男友对她也非常照顾。

但是洋洋由于工作和生活上的压力经常情绪失控，一点点小事就会让她生气，一生气就觉得天塌下来了，心里痛不欲生。

有时候会因为男友将拖鞋没有放入鞋柜等这些特别小的事情对他生气。在对男友生气时她不争也不闹，会闷着不说话，会恶狠狠地看着他，必须让他绝对服从。

男友面对洋洋的这种情况依旧是包容、呵护她。但无论怎么做，她都觉得是不对的，反而火气会越来越大。她在极度生气时会咬男友，甚至会动手打他。看他疼得大喊洋洋居然一点儿反应也没有，有时候甚至会有一点点的畅快感。然后她就会自己咬自己，自己打自己也不疼，而且感觉越用力越好。

她在生气时还会破坏东西，用刀劈用手掰还会砸，经常想着怎么没有一把刀把自己的手腕给割了，一了百了。她会想要是到楼顶上跳下去，还会想如果我死了，亲人们会心疼吗？她感觉自己就像个猛兽一样，有时候觉得自己好恐怖、好可怕、好愧疚。她经常会想，我男朋友对我这么好，可我怎么会这样伤害他。可是每次依旧很容易发火，她自己也控制不住。她感觉到非常痛苦，认为可能是城市生活给她带来的压力太大，于是她尝试回到老家去生活一段时间。

但是，她发现即使回到家乡这种情况也没有得到很好的改观，反而让挫败感弄得自己情绪更加不稳定，她不知道如何是好。

洋洋的这种情况，其实主要是由于生活环境的改变而导致情绪上的变化。生活的压力让她的负面情绪不断积累，然而她又没有运用有效的方法去疏导、调节，因此导致了极端情绪频发的情况。如果继续这样下去，她的行为会由于这种不正常的情绪而变得异常，从而对生活和工作产生严重的影响。她应当适时地去学习管理情绪的方法，将消极情绪进行排解和疏导并且培养积极情绪。

其实情绪本身并无好坏之分，一般只划分为积极情绪、消极情绪。由情绪引发的行为却有好坏之分、行为的后果有好坏之分。所以说，情绪管理并非是消灭情绪,也没有必要消灭,而是疏导情绪并合理化之后的行为,这就是情绪管理的基本范畴。

情绪管理是指通过研究个体和群体对自身情绪和他人情绪的认识、协调、引导、互动和控制,充分挖掘和培植个体和群体的情绪智商、培养驾驭情绪的能力,从而确保个体和群体保持良好的情绪状态,并由此产生良好的管理效果。

想要更好地管理情绪这个奇异果,主要需要培养我们以下的一些能力:

(1)情绪的自我觉察能力

情绪的自我觉察能力是指了解自己内心的一些想法和心理倾向,以及自己所具有的直觉能力。自我觉察,即当自己某种情绪刚一出现时便能够察觉。一个人所具备的、能够监控自己的情绪以及对经常变化的情绪状态的直觉,是自我调节情绪的基础。如果一个人不具有这种对情绪的自我觉察能力,或者说不认识自己的真实的情绪感受的话,就容易听凭自己的情绪任意摆布,以至于做出许多遗憾的事情来。伟大的哲学家苏格拉底的一句"认识你自己",其实道出了情绪管理的核心与实质。在实际生活中可以发现,人们在处理自己的情绪与行为表现时风格各异,你可以对照一下,看看自己是哪种风格的人。

(2)情绪的自我调控能力

情绪的自我调控能力是指控制自己的情绪活动以及抑制情绪冲动的能力。情绪的调控能力是建立在对情绪状态的察觉能力基础上的,是指一个人如何有效地摆脱焦虑、沮丧、激动、愤怒或烦恼等因为生活或工作不顺利而产生的消极情绪的能力。这种能力的高低,会影响一个人的工作与生活。当情绪的自我调控能力低下时,就会使自己总是处于消极情绪中。反之,则可以从挫折或失败中迅速调整、控制并且摆脱而重整旗鼓。

(3)情绪的自我激励能力

情绪的自我激励能力是指引导或推动积极情绪的能力,也就是一种自我指导能力。它是要求一个人为达到让自己心理更加健康而产生、调动与指挥自己情绪的能力。一个人要学会自我激励、自我把握，尽力发挥出自己的创造潜力，这就需要具备对情绪的自我调节与控制，能够对自己的消极情绪进行疏导，能够压抑自己的某种情绪冲动。

培养这些方面的能力，我们就能够更好地去调节和控制情绪，对自己的情绪进行有效的管理。将情绪这颗奇异果栽培得更加符合我们的需要。

2. 极端情绪的不良作用

情绪并没有好坏之分，所谓的“坏情绪”往往是那些不受控制的极端情绪。极端情绪的产生往往是由于对于情绪管理的疏忽或是不恰当的管理方式所造成的。极端情绪往往会造成我们的行为偏离正确的轨道，做出一些对自己对他人都产生极大不良影响的事情。

因此，极端情绪是我们需要极力避免的。经常被极端情绪所控制会导致我们一些本来处于健康状态的情绪也随之极端化，最终让我们走向一种极端情绪化人格，这是非常危险的。极端情绪化不但会影响我们的行为，还会对我们的心理造成无法弥补的创伤。

兴宁市黄陂镇甘一小山村发生一宗人伦惨剧，31岁的村妇练某因家庭矛盾，竟用菜刀残忍杀死2岁幼子，然后自刎身亡。

当天是腊月二十六，兴宁市黄陂镇甘一小山村洋溢着春节临近的喜庆气氛。然而，村民练某一家却笼罩在悲痛中。当日上午11时许，练某9岁的女儿到母亲房间找东西，刚踏进房门，骇然发现母亲躺在床上，脖子上满是鲜血。忙转身跑出屋外，大声呼喊爷爷和父亲，爷爷和父亲连忙跑进事发房间，只见练某的妻子已气绝身亡，2岁的儿子躺在母亲旁边，脖子上也满是鲜血。爷爷连忙抱起孙子往村卫生站跑，但为时已晚，孩子已不治身亡。

得知情况后，黄陂镇甘一村村干部立即向兴宁市公安局黄陂派出所报警，民警迅速出警。通过现场勘查、走访调查证实，犯罪嫌疑人练某（女，31岁）因家庭矛盾泄愤，于上午11时许在其卧室用菜刀将2岁的儿子杀害，然后自己割颈身亡。

据村民反映，练某在村民们眼中是一个非常和蔼可亲的母亲，每天操劳家事毫无怨言。虽然她的丈夫脾气较为暴躁，但是她也一再容忍，并没有表现出太过激的反应。可能正是由于长期忍受丈夫的苛待，练某最终在一次争吵后情绪完全崩溃失控，酿成了如此惨剧。

练某一家发生的悲剧，就是由于她对自己的情绪并没有进行恰当的管理和疏导，最终导致消极情绪不断膨胀，整个情绪体系完全失控，造成了极度过激的行为，引发了严重的后果。

作为远离他乡辛劳工作的农民工，我们也经常会由于外界和自身的各种原因导致心理的消极情绪不断增长。面对这种情况，我们要引起足够的重视，积极地去疏导这些情绪，避免其形成极端情绪进而失控。

首先，我们要认识到什么是极端情绪。极端情绪是指我们心理上某些情绪的过分扩大化，极端情绪不但能够在消极情绪中产生，如果积极情绪没有得到适当的控制同样会产生极端情绪。例如，我们因为某件事情而特别高兴，但是这种快乐的情绪没有得到合理的控制，不断膨胀，最终就会出现所谓“乐极生悲”的情况。

其次，管理情绪要“疏”而不要“堵”。在我们产生某些消极情绪时，我们不要选择将它堵在心里，而应该用一些方法去疏导它。比如，我们由于一些人的歧视而产生了不满的情绪。我们可以通过向别人诉说，或是去没有人的地方将这些心里的不满喊出来，又或是想一些他人对我们的积极行为来逐渐中和这些消极情绪。千万不要将这些情绪藏在心里，强迫自己接受，这种“堵”的方式是情绪管理中的大忌，这样只会导致负面情绪不断积累最终形成极端情绪。

最后，我们不要期待情绪自己淡化消失。情绪是无法被消灭的，更不可能自己慢慢消失。情绪慢慢淡化实际上是一种错觉，它只是转移到了我们内心更深的层面中去，而从表面无法察觉罢了。如果我们无视某种情绪的产生，它就会成为我们内心潜在的“炸弹”，这个“炸弹”随时可能因为外界的某些刺激而爆炸，形成难以控制的极端情绪。

3. 用积极的自我评价对抗歧视

所谓歧视就是不平等地看待，对某些人持有一种较强的偏见。在人类社会中，歧视存在于每一个角落中，每个人都或多或少有着一些歧视他人的行为，只不过表现在不同的领域中，程度也不同而已。歧视是社会责任范畴中最为严重的不符合项之一，也是最难以避免的问题。

可见，在社会中生存，受到一小部分人的歧视和偏见是不可避免的。因此，我们应当正视这种歧视的存在，并且合理地去应对它。作为刚刚来到城市中寻求发展的农民工，我们出身可能不好，眼光可能不够广，知识也不够丰富，这都成为了一些人歧视我们的原因。但是，不要以为只有我们才会受到歧视，只有我们低人一等。其实，几乎所有的人包括这个社会中非常成功的人都受到或是曾经受到过歧视。因此,正确地对待歧视是在社会中生存的必修课。

面对歧视,我们最有力的反击不是去辩解,不是去愤怒,不是去不择手段地报复,而是坚持自我,努力进取,当有一天我们成功时,事实会堵住所有人歧视者的嘴,让他们无地自容。

当我们遇到歧视时,如何才能够正确地看待和处理呢?

(1)保持自尊,积累力量

因贫困或无权无势而受到歧视,要挺直腰杆子,保持应有的自尊。在公开场合受到歧视时,你的自尊心会面临着挑战,这时你千万不要发作,不妨想想自己的优点,对自己进行积极评价,迅速加大自尊的承受力度。某些动物在生存条件对自己变得不利的情况下,选择冬眠,以躲避严冬的伤害。它其实并没有死亡,而是在不断地保存和积累着生命的能量,以迎接新的生活。我们在受到歧视时,为避免再进一步受到伤害,也该学学这些动物,暂时不去反击,而是尽量对自己进行积极评价而忽略和回避这些不公正的歧视。不断地沉淀和反思,暗暗地凝聚自己的学识和才干,磨砺和锤炼自己的生命力。

(2)树立志向,改变印象

有些东西是人所无法选择的,比如生于穷乡僻壤,出身寒微,人们嘲笑的往往也不是这个。一个人,只有当他毫无志向的时候,人们才会轻视乃至歧视他。人在受到歧视的时候,首先应当问一问自己,到底是他人势利,还是由于自己不努力。有时候,我们在生活中受到歧视,主要原因是他人对你尚不了解。如果他们了解到我们是一个努力积极向上的人,这种歧视就会逐渐消失。

(3)转移方向,走向成功

歧视,意味着挫折和阻力。在某一方向上受到歧视,朝这一方向的前进就会让我们的生活更加艰难。因此,不如像莫言去参军一样,为自己选择一个更加合适的环境去规避这些阻力,有时候在通往成功的路上“绕绕远”说不定比笔直地走下去更加容易。

人的一生，要面对各种各样的歧视，遇到歧视正是磨炼自我的良好时机。因此，让我们善待曾遭受或至今仍遭受的歧视，把它当做我们一生中最宝贵的一道亮丽的风景，让它伴我们走向成功。

4. 改变胜于抱怨

有些人从早上一醒来就开始抱怨。万里无云，他抱怨：怎么不下场雨呢？空气这么干燥？真的下起了雨，他也抱怨：怎么下这么大的雨，这样的鬼天气干什么都不方便。怀着这样的心情去工作、去生活怎么能够有一个好的未来呢？

作为来到陌生环境中拼搏的农民工，我们每天在工作中、生活中肯定经历着各种不如意和不顺心，这时我们难免会抱怨起生活的艰辛和困难。但是我想说的是，让我们拒绝抱怨，抱怨是最消耗能量的无益举动，他会让我们内心中的消极情绪不断增长。

“抱怨遮住了我们发现幸福的眼睛”，抱怨会给人带来很多的坏处。首先，抱怨会让人变得弱势。当你抱怨的时候，你在表现自己的弱势和无能为力，希望得到别人的怜悯、同情和照顾，你越抱怨，自己的内心越感到虚弱。其次，抱怨会让我们放弃自我成长的机会。在面对困难时，抱怨会让我们推卸属于自己的责任，让我们寻找借口而放弃自我反省，从而不做改变安于现状。另外，抱怨还会让我们形成消极思维定势。当一个人过多地被语言困扰的时候，他会失去行动力。开始形成负面思维，一遇到事情就会消极思考。常常在他人身上找缺点，包括最亲密的人，这会给生活埋下无形的隐患。

而拒绝抱怨的人，往往能够在遇到不顺利的事情时积极地从自己身上寻找根源，力图去改变这种不利的局面或情况，避免让自己成为“语言上的巨人，行动上的矮子”，一步步脚踏实地地去迈向成功。

19世纪中叶，一个年轻人出生于德国法兰克福的一个富豪家庭。他自小聪明伶俐，相貌堂堂，在良好的教育与家族爱护下，他无忧无虑地成长着。可是，天有不测风云，1833年他的家族因政治迫害全部逃到瑞士。突然的变故打乱了这位青年才俊的生活，他觉得这是上帝的错误，是命运的不公平，他的脾气变得暴躁起来。

有一天，他来到一个农场。呈现在他面前的是一片狼藉、东倒西歪的庄稼，他知道这是昨天发生的那场该死的洪水造成的。他的心情坏透了，又抱怨这令人讨厌的洪水来。这时，他听到了一首小曲儿，顺着声音走过去，一个农民一边补种庄稼，一边哼哼着，似乎有点儿高兴的样子。

“您好！欢迎您来到这里。”那农民热情地和他打招呼。年轻人不可理解地问：“庄稼被毁掉了，您怎么还能哼出小曲儿呢？”“哈哈，这位年轻的先生，一味地生气抱怨有什么用呢？那样只会使事情变得更糟糕。这都是上帝的安排，您看洪水虽毁坏了我的庄稼，但是却带来了丰富的养料，我敢保证今年一定是个丰收年。”说完，农民哈哈大笑起来。

农民的话让年轻人陷入了深思。是啊，抱怨有什么用呢？抱怨不能改变任何事实，只能使事情变得更糟糕。他对农民深深地鞠了一躬，觉得心中的郁闷与不快都烟消云散了。

后来，年轻人专门研制婴儿奶制品，他经历过多次失败，每次失败时他都会想到那农民的话，不生气不抱怨，以更加积极的心态投入到研究中去。1867年他成立了自己的食品公司，他研制的婴儿奶麦粉，成功地挽救了很多因母乳不足而营养不良的婴儿的生命，从此，开创了公司辉煌的百年历程。

那个年轻人就是亨利·内斯特莱，他所创立的公司叫雀巢。

假如亨利当年只是陷入不断地抱怨中，而不是力图改变自己，那么他一定不能获得成功。抱怨实际上是在接受之前给自己筑起了一道屏障：这事对我不公平，这样的事情怎么能发生在我的身上？我怎么能接受这样的事实？所以我要去对别人诉说，要证明我的无辜和委屈。其实，在抱怨的时候，你已经失去了改变这件事情的机会。

“人到这个世界上来，面对任何不如意的事情，你只有两个最便捷的手段，第一，接受；第二，改变。”于丹曾经这样说过。抱怨无非是想让自己获得心理上的平衡，然而当获得这种平衡后却很空洞，不知道还能去做些什么。而如果我们拒绝抱怨，就是不给自己内心放纵的机会，不给消极心理滋生的机会，学会去接受和承担才能够改变命运。

而当我们不去抱怨，而选择改变时，我们会进入一种积极、乐观的好心态中。并且，我们会认为自己有能力和智慧去让一件事情向更好的方向发展，会因为这种自足自立而对自己充满信心，让自己的心情更加愉快。在《不抱怨的世界》一书中，讲述了一个逐步消除抱怨的方法，非常有效。

首先，我们可以将手表或手链一类的东西戴在一只手腕上；当你发现你正在抱怨，就将它摘下来换到另一只手腕上重新开始；如果这个东西可以在你的手腕上保持 21 天没有更换，就说明你成功地克服了抱怨心理；最开始可能要花费好几个月的时间才能够让它在你的一只手腕上保持 21 天；最后要说的是，只有从我们嘴里说出来的抱怨才算数，如果是心里想的并没有关系，很快我们就会发现，在这个过程中连抱怨的想法也会慢慢消失殆尽。

学会拒绝抱怨，我们才能够拥有一个好心情去工作、生活，才能拥有一个健康的心理助我们迈向成功。

5. 让嫉妒变成羡慕

嫉妒是指人们为竞争一定的权益，对相应的成功者或潜在的成功者怀有的一种冷漠、贬低、排斥、甚至是敌视的消极心理状态。《心理学大辞典》中说：嫉妒是与他人比较，发现自己在才能、名誉、地位或境遇等方面不如别人而产生的一种由羞愧、愤怒、怨恨等组成的复杂的情绪状态。而我们的古人则用更简单的比喻"吃不着葡萄说葡萄酸"来描述嫉妒。

而相比于嫉妒，羡慕也是一种对于他人成功所表现出来的心理状态。然而它却是对幸福概念的一种认知，对他人幸福的一种祝福，是一种积极的心理状态，这是它与嫉妒的本质区别。可想而知，同样是对他人成功的心理状态，嫉妒只会让我们消极地去面对他人的成功，而羡慕才是对待他人成功的正确态度。

年纪相仿、几乎是同时入职的小孟和小溪，由于性格投契很快成为好友。她们在工作时合作愉快，工作之外也如知己般无所不谈。然而改变却由一次奖励开始。

为人处世八面玲珑的小溪因为深谙与上司的相处之道，在去年的年会上获得"最佳员工奖"，逐渐成为部门"红人"。此后，她的举手投足开始发生微妙的变化，与同事说话的语气也强势起来——当然，这一切也许都是小孟自己的感觉而已，事实并不是这样。

不知为何，小孟觉得小溪和以前不一样了，仗着自己受宠，说话做事样样带刺，让她难以接受。后来终于有一次，她们因为工作上的小分歧，大吵了一架。

小孟承认当时自己是有点儿借题发挥，趁机释放心中对小溪的“羡慕嫉妒恨”。结果，两人争吵得不可开交，甚至还当着部门同事的面，把对方生活中的“小秘密”都抖了出来。结果可想而知，曾经惺惺相惜的两个好友从此交恶。

曾受“嫉妒之心”所累的小孟，一直在为自己的冲动而后悔。“我知道已经回不去了，她曾经是我最要好的职场伙伴”，她说，“起初只是有点儿羡慕她，没想到后来却愈演愈烈，直接就怨恨了起来。”

小孟由于没有正确对待自己和好友小溪之间产生的差距，从而将本来是积极心理的羡慕转化成了消极的嫉妒，进而在行为上出现了偏差，最终让她失去了这个职场上的好友。

作为农民工的我们，也同样会遇到小孟这样的情况。面对自己周围人或是好友的成功，而自己仍在现在的位置上停滞不前，谁的心理都难免会产生一些变化。但是当嫉妒心理产生时，我们就要警惕了，它很有可能成为毁掉友谊的罪魁祸首。但如果我们能够将这种嫉妒心理转化成为羡慕，就能够给自己和他人的内心都带来更好的感受，何乐而不为呢？

在消除嫉妒心理的过程中，我们主要采用以下的一些方法：

首先，我们要培养豁达的人生态度，让自己的心胸更加开阔。能够承认“天外有天，人外有人”的客观规律，正视他人的成功。嫉妒是个人心理结构中“我”的位置过于膨胀的具体表现。总怕别人比自己强，对自己不利。因此，要根除嫉妒心理，首先根除自私的心理状态，只有驱除私心杂念拓宽自己的心胸，才能正确地看待别人，悦纳自己，这就是人们常说的“心底无私天地宽”。

其次，我们要学会转移注意力，让自己无暇嫉妒。当我们有很多事情要做时，我们就无暇去嫉妒别人。因此，积极参与各种有益的活动，努力学习，勤奋工作，使自己真正充实起来，那么，嫉妒的毒素就不会滋生、蔓延。并且，通过将自己全身心地投入到工作、学习中去，我们还能够不断地增长自己的能力，缩短与成功的人之间的差距，让嫉妒心理更加没有生长的机会。

最后，我们要能够正确地看待他人和自己的长处，化嫉妒为羡慕。一个人在嫉妒别人时，总是注意到别人的优点，却不能注意自己比别人强的地方。其实任何人都有不如别人的地方，当别人在某些方面超过我们时，我们可以有意识地想一想自己的优点，这样就会使自己失衡的心理得到一定弥补。在客观公正地评价别人的同时，也要客观公正地评价自己，要知道别人取得了成绩并不等于自己的失败。一个人只要正确地衡量自己的才能，为自己找到一个恰当的位置，就可以有效避免嫉妒心理的产生。

6．对于不良情绪要“分而治之”

作为新时代农民工中的一员，新的生活环境、较大的经济压力、工作中的各种不适应都会让我们的心理产生一些不良情绪，这是不可避免的。而面对这些不良情绪，我们除了要进行合理的调适以外，还要使用宣泄作为一种释放情绪的手段。而宣泄需要讲求一定的方法，合理的宣泄才能够达到释放情绪的效果。反之，不合理的宣泄只会加剧不良情绪的扩大。

在宣泄不良情绪时，我们要引入“分而治之”的理念。简单来说，就是将一种不良情绪分多个时间和批次逐渐宣泄出来。合理严格地控制每次宣泄的程度，经过多次的反复进行，就可以将积累的很庞大的不良情绪通过一种缓慢释放的方法无害地弱化掉。

王伟是一个从农村来到城市的普通农民工，刚刚来到城市的他充满着喜悦与激情。然而，这种喜悦和激情很快被残酷的现实打消殆尽。较高的生活成本让他背上了沉重的经济压力，工作环境的转变和工作模式的极大变化也让他在工作中举步维艰。

面对这些突如其来的变化，王伟的内心产生了一些消极情绪。他时常处于精神紧张的状态，生怕什么事情没有做好。并且在生活中，他会经常感到焦虑，怕自己的工资根本不够应付城市生活的较大开销。面对这些心理变化，王伟并没有更加消极，反而是为自己制定了一些小活动，用来释放这些负面情绪。

他做了一个详细的计划，每个周末都抽出一天的时间用不同的方法去应对一些消极的心理状态。首先，他会在周末让自己去城市中的一处景点或是一个公园，甚至是一块街边的绿地，通过观光的方式放松自己的心情。很快地，他的足迹遍布了整个城市的各个角落，这种旅游式的放松不但让他开阔了眼界，也让他暂时忘掉了烦恼，保持了愉悦的身心。

而面对生活和工作中的不如意所带来的懊恼，他的方法更加有趣。他经常会到市场上买来一些廉价处理的盘子，当自己感到非常懊恼或愤怒时，就将一个盘子狠狠地摔在地上，一同摔碎的还有他的烦恼和愤怒。

利用这些方法，他逐渐地将积累在内心中的不良情绪逐步分批次地释放出来，慢慢地他开始觉得自己的内心比之前轻松了许多。因为这样，工作和生活也变得越来越顺利。

王伟利用一些小方法，将自己的消极情绪通过一些持续的行为分批地释放出来，避免了情绪集中在一起爆发而造成不良的行为和后果。当然，像摔盘子这样的方法并不一定适用于所有人，我们在这里是想让大家明白这样一种分批释放情绪的方法。很多行为都可以释放我们心中的不良情绪，合理地控制这种行为的程度，并让它延续较长的时间，就可以将情绪分割开来进行释放。

要进行这种情绪的释放，首先我们要学会将消极情绪引导出来。举个例子，比如你感觉到内心悲伤，你可能会感到胸闷，这是一种很真实的身体反应。但是作为情绪，悲伤隐藏在更深的内心中，需要进行引导才能释放。我们可以通过感人的故事、音乐、电影等引导这个悲伤情绪将它释放出来。经过多次的引导，一个消极情绪就可以得到缓慢、完全的释放，让它被弱化。

其次，在通过某些行为释放情绪时，一定要得当，不要过激。例如，我们受到了他人的歧视，心里感到非常愤怒。我们可以通过去做一些激烈的运动，例如打篮球、拳击沙包等方式来释放，而不是通过揍他一顿来释放。合理的行为才能够让我们在释放情绪的同时不至于给他人和自己带来更大的痛苦。

最后，情绪释放的另一个好方法就是向人倾诉。记住，倾诉并不代表抱怨，我们没必要一股脑地并且带有极强个人感情色彩地把自己的不顺心都说出来，而是应该在一定的时间间隔内分次地把不顺的事情一个一个地分别进行倾诉，这样我们不但可以抑制在倾诉时所产生的消极心理影响，还能够让自己的消极情绪得到有效释放。

7. 用自我暗示转化消极情绪

鲁迅在《阿 Q 正传》中描述了这样一个角色——自欺欺人、自轻、自贱、自嘲、自解、自甘屈辱，而又妄自尊大、自我陶醉的阿 Q。而阿 Q 代表了在失败与屈辱面前，不敢正视现实，而使用虚假的胜利来在精神上实行自我安慰，自我麻醉，或者即刻忘却的一类人。这类人通常会使用“精神胜利法”在面对人生的失败和挫折时进行自我安慰，让自己活在假想的世界中。

其实，心理学认为，“阿Q精神”并不代表一种不好的心理状态，反而在有些时候，这是我们转化消极情绪的最佳方法。当然，这不是让我们在面对现实中的困难和挫折时选择自我麻痹，而是在面对一些消极情绪产生的时候进行一些积极的自我暗示，将这些消极情绪转化为积极情绪，从而更好地去面对现实。

一次，美国前总统罗斯福家被盗，丢了许多东西，一位朋友闻讯后，忙写信安慰他，劝他不必太在意。罗斯福给朋友写了一封回信：“亲爱的朋友，谢谢你来信安慰我，我现在很平安。感谢上帝：因为第一，贼偷去的是我的东西，而没有伤害我的生命；第二，贼只偷去我部分东西，而不是全部；第三，最值得庆幸的是，做贼的是他，而不是我。”

对任何一个人来说，失窃绝对是件不幸的事，而罗斯福却利用巧妙的“精神胜利法”来让自己的内心得到了很大的安慰。当他步入政坛后，也一直沿用着这样的“精神胜利法”，让他在面对政敌的攻击和政坛的黑暗时能够保持一个良好的心理状态，让他在面对任何事情时都能够泰然自若地处理。

罗斯福的这种“精神胜利法”其实就是一种积极的心理暗示。在发生了家中被盗这样的事情后，他并没有让这个来自外部的刺激导致他内心消极情绪的滋生，而是在这件事情中找到一些安慰来暗示自己的内心，让消极情绪得到了有效的抑制并且转化成为了积极情绪。

对于在城市中打拼的我们，这种“精神胜利法”也时常能够起到非常有效的作用。比如，在我们面对失败时，我们可以对自己进行暗示，不是我不够努力不够聪明，而是我经验不足忽略了一些细节，这次失败让我增长了不少经验,没准儿比成功对我的帮助还大。而在我们面对领导的责骂时,我们可以这样对自己说:“他虽然在责骂我出气,可是这也帮助我发现了身上的很多问题,早晚有一天我会比他强,让他来做我的员工。”

这些方法还有很多,自我暗示是调节消极情绪的很好方法。将那些可能给我们带来消极情绪的事情通过自我暗示来积极地对待,这样就能够“变废为宝”,将它们转化成积极情绪,让我们的心理更加健康。

当然,自我暗示也要讲求一定的方法,在心理上得到慰藉的同时我们依旧要正视现实,利用这种好心情来让我们更好地去提高自己,改变现实。如果沉浸在自己的这种自我暗示中,并把它当做是现实,那我们就真的成为了像阿 Q 这样可悲的存在了。

第六章

卸掉压力，
才能振翅高飞

1.

再强大的内心也抵不住重压

心理压力就像是一块块无形的砖头，一点点地压在我们的内心。如果我们不能够拿掉它们，这些砖头就会不断的积累，最后压垮我们的心理。心理压力是个体在生活适应过程中的一种身心紧张状态，源由是环境要求与自身应对能力不平衡。对于刚刚来到新环境中的我们，这种压力更是容易获得并积累。

完全没有心理压力的情况是不存在的。我们假定有这样的情形，那一定比有巨大心理压力的情景更可怕。换一种说法就是，没有压力本身就是一种压力。因此，我们不能够忽视心理压力的存在，否则在它积累到一定程度后，它一定会提醒我们它有多么可怕。

他 20 岁高中毕业，家徒四壁，就业无门，郁闷之下，跑到了金华表姐家。那时，表姐家附近开始出现很多新工厂，他挨家去毛遂自荐，终于有位老板看中并录用了他。他感激老板，工作异常卖命，几乎付出了所有的精力，也得到了相应的回报。用了差不多 10 年的时间，他从一线工人做到公司中层管理人员。

今年年初，公司与杭州一家公司出现财务纠纷。老板看中他踏踏实实地做事劲儿，再加上他本来就是杭州人，于是将任务交给了他，并称：“啥时候钱要到了，啥时候就回来上班。”

于是，他有了一段有史以来最长的“假期”。在杭州郊区的老家，他的女儿已经12岁，他原本可以好好陪陪女儿，和结婚10多年的妻子享受一下家庭生活，无奈老板交给他的任务却像一座山一样压着他。

一直到2月底，公司的这起财务纠纷也没有丝毫解决的迹象。他焦躁得如同热锅上的蚂蚁，晚上开始失眠。

一天，他照例到对方公司索要这笔欠款，如同往常一样吃了闭门羹。他坐公交车，昏昏沉沉回了家，倒头便睡。睡梦中，他依稀听到电话铃响，但没能挣扎着起来接听。前一晚的失眠令他极度疲倦。

醒来后，他问老婆，谁来的电话。

老婆说，一个姓王的。

恰巧，他的老板就姓王。他一屁股坐回床上，说："完了，是我们老板，老板来检查我的工作了，他肯定以为我偷懒了。"

慢慢地，他的行为开始变得异常。首先，电话事件成了他的心头大患，坐立不安，焦躁万分，怕自己在老板心目中的形象一落千丈，怕被老板开除；后来发展到说话东拉西扯，答非所问。渐渐地，他的怪异举动越来越多。上街回来，就说有人对他不怀好意；日夜担心女儿被老板派人抓走；邻居来家里玩，会躲到床底下，说是"老板派来潜伏在他身边的密探"。

此时他老婆才意识到了事情的严重，急忙将他送去了医院精神科，但是此时他已经患上了严重的妄想症，只能在医院度过余生。

这是一个典型的由于压力过大没有释放而导致严重心理疾病的案例。在心理学界，很多人认为压力是造成精神疾病的罪魁祸首，过大的压力会导致心理上的极度扭曲，进而突发严重的心理疾病。

对于来到陌生城市环境中工作的我们，造成心理压力的各种状况就围绕在我们的身边。找工作的就业压力，日常开销的经济压力，孩子上学困难的就学压力，与配偶分居的感情压力等等，任何一种压力如果得不到很好的释放都有可能将我们的内心压垮。

可能有的人会说，我的心理非常强大，我能承受任何压力。但是我想说，这是一个非常危险的错误观念，没有任何人能承受压力无休止的叠加而不去释放。还能承受只是因为这个压力还没有达到一个临界点。越是心理承受能力强的人，一旦崩溃也就越难以收拾。

因此，我们要正视压力的存在，正视我们在巨大压力面前是多么不堪一击。学会去缓解、释放压力，卸下我们心灵上的重担才是对付压力这个敌人最好也是最有效的方法。

2. 找到压力的根源才能“对付”它

压力并不会凭空自己产生，一定是由于自身或外接的因素才导致它的出现。我们通常把这些能够引起压力的外部或内部刺激称之为压力源。例如，我们刚刚来到城市中发现城市中的就业人群非常庞大，找到工作困难重重，这就是由于外部因素造成的就业压力；而我们习惯了家乡较慢的生活节奏，对于城市中的生活习惯显得格格不入，从而导致自卑、焦虑等心理的产生，这种心理也会对我们造成一定的压力，这就是内部压力。

高庆昌，万昌科技董事长。

2011 年 5 月 23 日，刚刚上市仅 3 天的万昌科技，就传出董事长高庆昌跳楼身亡的消息。

现年68岁的高庆昌是山东淄博市的知名人物，大专学历，高级经济师。这位带领万昌科技登陆深证中小板的企业家，其发家地也在万昌科技股份的所在地淄博市临淄区。他从一名普通的打工者逐渐做到了董事长的高位，然而面对不断增加的压力，他最终崩溃，选择自杀结束了自己的一生。上市融资，本是许多企业家不懈的追求，但刚刚达成夙愿的高庆昌却无法再享受巨额财富带来的美好生活。

卢立强，珠光集团浙江钢结构有限公司董事长。

2011年5月20日，浙江台州知名商人、珠光集团浙江钢结构有限公司董事长卢立强，被人发现沉尸在台州灵湖。

相对于其他死因蹊跷的自杀企业家，外界对卢立强的死因并没有太多质疑。尽管他名下拥有多达6家企业，但他的相关债务高达4.2亿，错综复杂的债务问题可能是导致其投湖自杀的直接因素。

乔金岭，前“河南首富”、黄河集团董事长。

2003年9月7日，拥有10亿元身家的前“河南首富”、河南黄河集团董事长乔金岭，在他位于河南长葛市的别墅内自缢身亡。

乔金岭绝非等闲之辈，他是上证所上市公司“黄河旋风”第一大股东河南黄河实业集团股份有限公司（下称“黄河集团”）的法定代表人。2002年，乔金岭曾以1.2亿美元的资产排名福布斯内地富豪榜第58位，有“河南首富”之称。

有评论说，乔金岭在贫穷困厄、创业坎坷之时尚且热爱生命，而在他富有、声誉日隆、事业也蒸蒸日上的时候，却要突然弃世而去。乔金岭事件，凸显了即使是富豪也有在意志乃至生命方面的脆弱性。

这些曾经叱咤风云的成功人士、企业家，他们的心理相较于一般人有着更强大的承受能力，然而在面对巨大的压力时，他们却选择了用自杀草草地结束了自己的生命，可见对于任何人，压力都是存在并且有可能是致命的。他们虽然有着强大的心理承受能力，但是在多方面的外部和内部因素带来的压力面前，他们并没有合理地分析压力源并进行适当的释放，最终走向了生命的终点。

可见，分析自身压力产生的原因是非常重要的。压力是由多方面的因素共同产生的，有生活上的，有工作上的、也有情感上的。通过对我们身为外来打工人员的自身特点进行分析，压力主要可能由以下的一些方面引起。

(1)社会因素的压力来源

当今社会是一个“焦虑的年代”。社会在不断地发生着飞速和巨大的变化。不良的社会环境可以引发人们不良的社会行为。当个体自身的能力水平不能适应外界环境的需求时，便会产生自信心降低、焦虑、孤僻等不良情绪。例如：在某些工作中，我们很容易受到金钱方面的诱惑，而为了保证自己不受影响，就要不断提高自己的心理控制能力与水平，由此会引发各种心理上的压力。

另外，随着社会的发展，人们在价值观念和生活结构方面发生了巨大的变化。例如，我们外出打工，与家人聚少离多，而我们普遍的观念认为大家欢聚一堂的家庭氛围才是我们所习惯的。而独自来到城市中的我们会因为独处或是与其他打工者合租而导致生活环境的巨大变化，这种变化也会造成心理上的压力。

(2)自然环境压力的来源

居住在城市中的人，常常面对交通的喧闹、工地的噪音，而习惯恬静生活环境的我们面对这些噪音时可能会产生一定的不适应。噪音是指一种人们不愿听到、同时又无法预测与控制的、音量在 80 分贝以上的声音。它会使我们的刺激超载，因而产生压力。

除此之外，城市拥挤的人潮也会给我们带来极大的不适应，在我们的家乡可能普遍比较空旷，人也很少，这是一种非常适合生活的环境。而城市过分的拥挤会让人血压升高、汗腺和肾上腺的分泌增加，让我们产生不适或不舒服感。在拥挤的环境中，会增加人和人之间摩擦的机会，更易引发一些消极情绪，如：烦躁、压抑、焦虑等，甚至有可能导致攻击性行为。

(3)个体压力的来源

个体压力的主要来源之一便是人格。人格是隐藏在面具背后的一个人的真实本质，它同健康和应对存在着某种程度的联系。每个人都有自己独特的人格。面对不同性质的事件，具有不同心理特征的人可能会做出不同的反应。

另外，患病也是引起心理压力的主要因素之一。一般来说，患慢性病或不治之症的影响最大。患慢性病会导致我们对病情的担忧，感到自己身体不如以前，正向着不健康的一面发展，久治不愈使人感到很烦恼，不知要等多长时间才能治好，担心自己的病情会不会恶化；由于患病给自己的工作、生活带来诸多的不便，做事感到力不从心，无法发挥自己的才能。这些心理活动会导致了我们心理压力的产生。

并且，人际关系的处理也会对我们造成一定的心理压力。经常跟别人争吵、冷战，背后打小报告，人和人之间不能和睦相处等，是人际关系紧张的表现。一般来说，我们人际关系的紧张主要表现为与领导关系紧张。领导对自己工作不认可、不理解，不给晋升机会，领导在自己心目中的不良形象等，都会使下级引起一系列的综合反应，如：担忧、愤怒、不理解、委屈、报复、弥补和消沉等，这些反应的结果导致了心理压力的产生。

(4)生活压力的来源

主要表现为经济困难、住房紧张、离婚、子女教育等方面。从总体上来看，农民工群体的收入还不够高，个别地方存在拖欠工资现象，并且住房问题也很难得到解决。由于长期分居的生活，离婚的比率居高不下，给一些农民工造成了很大的心理压力。并且，由于异地工作，很难在子女的照顾和教育问题上亲力亲为。

这些都是潜在于我们周围的压力源，找到这些压力源，我们就可以从根源上去了解压力产生的原因制定更加有效的应对方法来缓解这些压力，减轻心理上承受的重担，让心理更加健康。

3.

让自己学会“忙里偷闲”

我们都知道，一个人只有在清醒的状态下做事，才会是高效率的。否则，就算我们花费在做事上的时间再多，效果也是很差的。所以清醒的精神状态对我们来讲相当的重要。而清醒的精神状态很大一部分来源于一个轻松的内心，因此在工作中减少自己的压力就尤为重要。

此时，问题的症结就暴露了出来。这个症结就在于我们不能够很好地在做事态与休息态之间实现转换。让你停止休息，马上投入做事，可能不难；但是要你停止做事，马上去休息一下，可就不是那么简单了。解决这个问题没有什么太好的办法。因为人毕竟不同于机器。如果是一台机器的话，只要设置一个开关就好了，就能让它说干就干，说停就停。可是人是不可能做到的，任何人在任何状态间的转化调整，都是一个渐变的过程。于是我们能做的就是让这个渐变过程尽可能的短。

所以，给你的忠告是，不要等到非休息不可的时候才去休息。而是应该在自己感到较大压力之前就进行短时间的休息，这样就可以将压力控制在一个比较平稳的水平上，让自己总能够以最好的精神和心理状态去工作，这样大大地提高了工作效率，反过来又减轻了工作任务带来的压力。

赵蕊是一个从农村来到城市打工的年轻姑娘，可能性格内向，再加上一心求学，学校也未进行专门的就业指导，在求学失败后，找工作成了大问题。一开始不知道找什么，好不容易进了家大公司，做了段时间，但是因为同工不同酬（由于缺人，公司招了几个人，什么都不会，学历也不高，因为她工作表现良好，领导让她带，但是无意中让她发现所有部门中她工资是最低的），让她感到自己受到了不公正的待遇，心理产生了消极情绪，对她造成了一定的心理压力。

并且在做技术支持时，公司的一个项目出事，一下子所有客户维护的压力全都聚集她这里，由于各方面的压力过大，产生偏头痛等问题，最终由于身体状况不断恶化选择了辞职。

后来赵蕊又来到了一家新的单位，但是这家单位刚刚在起步阶段，由于本身人员较少，加之赵蕊非常希望能够在这个新工作中干得更加出色，她甚至连喝一口水的工夫都不给自己，每天就是埋头拼命地干。

另外，除了工作的压力，这个单位的老板还喜欢亲力亲为，但是老板对于业务方面并不熟悉，却不喜欢别人看出问题，所以每次专门找一些错别字，或者对个别语句挑刺指责，所以每做个项目，需要花大量时间投老板所好。

她终于在大半年后病倒了，病来得特别急也特别厉害，请了两个星期病假，病情逐步稳定了，可一想到上班却又烦恼了，她很怕上班，感觉一想到去该单位就好似双脚套上了脚镣，异常沉重，想过辞职，一方面年龄也慢慢大了，也想稳定，另一方面因为以前的不顺，不知道自己究竟适合干什么，特别无奈。

赵蕊之所以感受到如此大的工作压力，除了工作本身十分繁重外，主要是由于她并没有合理地安排休息时间，导致经常高强度连续性地进行工作，时间长了自然承受不住如此大的工作强度，产生极大的心理压力。而且巨大的心理压力不但让她的身体越来越差，也影响到了她在工作中的效率和热情，形成了一种恶性循环。

其实,只要我们在工作中使用得当的方法,给自己分配好工作与休息的时间,就能够极大地减少身体和心理上的疲劳,减轻工作带来的心理压力,让我们在工作时感到更加轻松,工作效率和成功率也大大提升。

首先,我们可以通过在工作之余培养一些业余爱好来转移注意力。回到家里要尽量去避免想工作上的事情。在家里可以适当地做一些事情来转移你的注意力,例如读一本喜欢的书,看一部电影,或者拿起麦克在家里唱歌,甚至做家务活都是不错的减压办法。不管做哪一样,做完之后都会感到很轻松。

其次,在工作时间我们要合理地安排工作计划。如果你觉得工作时间很紧迫,那么你应该检查一下你的工作计划是不是没有做好呢?做一份合理的工作计划和时间规划,可以帮助你在更合理的时间里完成更多的工作,如果你的工作时间缩短了,压力自然也会随之减轻。

再次,在应对复杂程度较大的工作时,一定要给自己在其中留有休息的时间,这并不是在浪费时间而是增加我们的时间利用率。喝一杯茶,深吸一口气。让自己得到一个全身的放松。也许这么一个短暂的放松时间,等你回去工作的时候,就会突然发现可以把工作做得更好,那份成就感就可以让你的压力全然消失了。

最后,在我们发现自己难以完成自己的工作时,要及时跟领导进行沟通。大部分领导在分派任务的时候,并不是那么了解工作的难易程度以及工作的分量。这对于指挥者来说是很难把控的。如果你发现自己的工作实在不可能完成也无法完成的时候,应当及时跟领导沟通,一方面可以减轻自己的工作压力,另一方面也不至于误工。

4. 放松的心情让你事半功倍

在工作中我们不难发现，如果有一个放松的心情，我们的工作效率会有很大的提升，工作的准确性也更高。相反的，如果我们精神极度紧张和疲劳，往往花费了大量的精力和时间效果却非常一般。

可见，在工作中保持一个相对放松的心情是十分重要的，放松的心情能够让我们在工作中事半功倍。但是，放松心情不等于降低工作的效率，只是以一个比较轻松的心态去积极努力地干好一些繁重的工作，保证工作的效率。

王征是一个在会计师事务所工作的普通职员，农村出身的他相比于他人更加努力，因为他相信只有比别人更努力才能减小他与别人一出生就拥有的差距。他每天要求自己比其他员工来得更早，而下班后还经常加班。

内向的性格令他在单位朋友并不多，与领导的关系也很一般。这让王征在工作时非常谨小慎微，生怕出现一点点差错而遭到同事的嘲笑或领导的批评。他在接到一项任务时，总是去想如果我没有干好一定会丢掉这份工作，这让他在工作时处于极度紧张的精神状态下。在这种状态下，他工作很短的时间后就会觉得非常疲惫，进而出现一些很低级的错误。出现错误后，他并没有认为是过分紧张的心情所导致的，而感觉是自己的能力太差，这么简单的事情都做不好。

这种想法更加剧了他内心的紧张，他经常要花费更多的精力和时间才能够完成与别人一样的工作。渐渐地，他更加自卑，认为自己根本没有能力胜任这份工作,在巨大的心理压力下,他最终崩溃选择了辞职。

王征在工作前就由于消极的心理给自己增添了很大的心理负担,让自己的心理处于非常紧张的状态。但是这种紧张的精神状态不但没有让他出色完成好相应的工作,反而让他在工作中非常疲惫,导致错误频频。由于经常出错,更加剧了他的紧张心情,形成了恶性循环。

作为农民工中的一员,我们也经常由于繁重的工作而承受着巨大的压力。在面对工作上的压力时,我们更应当放松自己的心情,以一个轻松的心态让心理减压,这样就能更好地应对外部因素对我们造成的压力。那么,在工作中如何保持轻松的心态呢?我们可以尝试下面一些方法。

(1)情绪转移法

情绪转移法是把隐藏在内心的不良情绪投射到某物或某人身上,以求得解脱的一种方法。心理学认为,在发生情绪反应时,大脑中有一个较强的兴奋灶,此时,如果另外建立一个或几个新的兴奋灶,便可抵消或冲淡原来的优势中心。因此,当你由于过度的脑力劳动而引起情绪烦躁紧张时,有意识地做点别的事情来分散注意力,可以使神经过程达到平衡缓和,使情绪得到缓解。如听音乐、散步、听笑话、与人聊天等正当而有意义的活动,都可以使紧张烦躁的情绪松弛下来。

(2)自我暗示法

积极的自我暗示有利于提高你的自信心,增强战胜困难的勇气,帮助你摆脱不良情绪。自我暗示法是以语词对自己施加的心理卫生、心理预防及心理治疗的方法。目的是调整控制自己的情绪、情感等。通俗地说,是进行自我教育、自我说服。当你在工作中感到非常紧张时,可以自言自语:“放轻松一点儿,其实这个工作很好完成。”反复几次,你就会心平气和,心情自然放松下来。

(3)放松训练法

作为农民工群体中的一员,我们可能从事着繁重的体力劳动,经常会导致身体的极度劳累，这也会造成心理上的紧张。而通过放松训练法可以有效地缓解自己的身体疲劳，让心情也更轻松一些。

放松训练法，是指通过循序交替收缩、放松自己的骨骼肌群，细心体验每个肌肉的松紧程度，最终达到缓解个体紧张与焦虑状态的一种自我训练方式。整个放松训练遵循由下而上的原则，具体步骤为：脚趾肌肉放松——小腿骨肉放松——臀部肌肉放松——腹部肌肉放松——胸部肌肉放松——背部肌肉放松——肩部肌肉放松——颈部肌肉放松——头部肌肉放松。

放松训练刚开始时最好每天两次，每次 30 分钟左右，最好配合一些舒缓的音乐。随着练习的熟练化，每次时间可减为 20 分钟或更短一些，每天两次也可减为每天一次。时间一般安排在午饭后一小时或晚间睡觉之前。

通过各种方法让自己的心情得以放松下来，放松的心情是干好工作的重要前提。只要保持一个轻松愉悦的心情，那么在非常难以完成的工作面前我们也能够保持积极的工作状态，更快、更好地完成它。

5. 攀比给自己徒增压力

“人比人，气死人”，这句谚语由来已久。其实，这句话并不是说我们不能够与他人进行比较，而是不要与他人攀比，这样会给自己徒增很大的心理压力。攀比心理是指个体发现自身与参照个体发生偏差时产生负面情绪的心理过程。

通常产生攀比心理的个体与被选作为参照的个体之间往往具有极大

的相似性，导致自身被尊重的需要过分夸大，虚荣动机增强，甚至产生极端的心理障碍和行为。例如，与自己身边的朋友、同事做比较，发现在同等条件下自己不如别人时，就有可能由于争强好胜而不顾一切地想要超越他们。这种心理是相当危险的，甚至还会毁家亡国。晋代石崇和王恺斗富就是一个很好的例子。

石崇是晋时的首富，居住在洛阳的金谷园，园中拥有大量的珍宝金钱、田宅和800多名奴隶。《晋书》说石崇："财产丰积，室宇宏丽。后房百数，皆曳纨绣，珥金翠。丝竹尽当时之选，庖膳穷水陆之珍。"家中财产丰积，居室华丽，妻妾上百，各种乐器都是当时最好的，日常饮食全是奇珍佳肴。另据《世说新语·汰侈第三十》记载，石崇家的厕所，经常有10多个婢女罗列侍候，她们身着华服，刻意打扮。厕所里甲剪粉、沉香汁一类物品应有尽有。厕所里还放置新衣，以便厕后换穿。

王恺是当时的皇帝晋武帝的舅舅，被封为山都县公，领有1800户的封地，还做过骁骑将军、散骑常侍等大官，财富地位，在国中也是少有人可比。

王恺听说石崇居然比自己家里还富有，很不服气，就想和石崇比一比，看究竟谁更阔气。王恺家用麦糖洗锅，并且以此向石崇炫耀。石崇自然不服气，于是他家就用白蜡当柴烧，压倒了王恺。王恺为了讲排场，出门的时候，在道路两旁用紫丝布做成挡风墙，全长40里，用了成千上万匹布。石崇听说了，出门的时候就用锦缎做成挡风墙，全长50里，又压倒了王恺。王恺想出了新招，用赤石脂来抹墙，把家里的房屋弄得富丽堂皇。石崇不认输，就用香椒泥抹墙，把家里的房屋弄得芳香扑鼻，又胜过了王恺。

晋武帝看到舅父王恺跟石崇斗富，不但不制止他们的奢侈行为，居然还想帮舅父斗倒石崇，就赐给舅父一株高二尺多的珊瑚树。王恺得到了这株珊瑚树，高兴极了，得意扬扬地说："这回世上再也没有人能比得过我了！"于是他把石崇请到家里来，请他观赏这株珊瑚树。石崇看是株珊瑚，鼻子里哼了一声，随手拿起一个铁如意，一下子就把珊瑚树打碎了。王恺见石崇打碎了他的珊瑚树，以为这是石崇妒忌他的富有，就跳起来一把揪住石崇，大声叫嚷说："这是皇上赐给我的无价之宝，你赔我珊瑚树！"石崇冷笑一声，毫不在意地说："你不用急，我马上赔你！"说着，石崇叫手下人回家搬取他收藏的珊瑚树。其中高三四尺的就有六七株，像王恺那样二尺多高的更多。他叫人把珊瑚摆开，任凭王恺挑选。这一次王恺又输了。

就这样攀比来攀比去，这些官僚们为了聚集财富，不惜一切手段，最终激起全国人民的反抗，落得了个亡国的下场。石崇、王恺也都因富而亡，因财而死。

其实攀比心理很多人都有，只不过有的人能理智对待攀比，有的人却深陷其中，以至于成为一种沉重的心理负担，最终让自己不得安宁。这种心理才是消极的、有害的。那种消极的、伴随情绪性心理障碍的攀比，会使个体陷入思维的死角，产生巨大的精神压力和极端的自我肯定或者否定。攀比最大的问题在于缺乏对自己和周围环境的理性分析，只是一味地沉溺于攀比中无法自拔，对人对己都很不利。

从前有位富足的波斯人，他拥有大片的兰花花园、稻谷良田和繁盛的园林。有一天，一位他曾经救助过的农夫前来拜访他，并向他讲述了自己因为发现钻石而从穷人变成富翁的神奇故事。

送走农夫后的那天晚上，波斯人就变成了一个穷人——不是因为他失去了一切，而是因为他开始变得不满足。他想："我也要拥有一座钻石矿。"因此，他整夜难以入眠，第二天一大早就跑去询问别人在什么地方可以找到钻石。于是他卖掉了农场，将利息收回，把家交给了一位邻居照看，然后就出发寻找钻石了。

他先是前往月亮山区寻找，然后来到巴勒斯坦地区，接着又流浪到了欧洲，最后他身上带的钱全部花光了，衣服也又脏又破。最后，这位历经沧桑、痛苦万分的可怜人怀揣着那位农夫所激起的得到庞大财富的诱惑将自己投入了迎面而来的巨浪中，结束了自己的生命，从此永沉海底。

几十年后的一天，当波斯人的继承人牵着他的骆驼到花园里去饮水时，他突然发现，在那浅浅的溪底白沙中闪烁着一道奇异的光芒，他伸手下去，摸起了一块黑石头，石头上有一处闪亮的地方，发出彩虹般的美丽色彩。他把这块奇异的石头拿给有经验的人去请教，当别人看到这块石头时，惊奇地叫道："这是一颗钻石！这是一颗钻石！"

于是，他兴奋地奔向花园，用手捧起河底的白沙，发现了许多比第一颗更漂亮、更有价值的钻石。

这个故事告诉我们，攀比不但会让我们心理产生严重的障碍，导致发生没有计划和不计后果的过激行为，还会蒙蔽我们的双眼，让我们无法发现自身或身边就存在的财富和美好。

作为农民工的我们，可能家境并不是很好，生活条件也很艰苦，这种状况更容易让我们拥有比较强的自尊心，并且害怕自尊心受到伤害。因此，我们很有可能不自觉地在与他人的比较中形成攀比地心理。其实大可不必总是去与其他人相比较，我们每个人都有让人羡慕的闪光点，我们有发掘不尽的潜质。与其花心思去与他人攀比，不如去发现自身的闪光点，让自己也成为别人羡慕的对象。

当我们发现自己产生攀比的心理时，可以使用一些简单的心理调适方法来让这种消极心理淡化并消失。

首先，我们可以采用“临时回避”的方法。可以通过临时回避的方式帮助自己暂时从攀比的心境中逃离，从而减少因攀比心理造成的非理性行为。比如，当我们想要与身边的人攀比穿着、打扮时，我们可以选择暂时回避想要与之攀比的那个人，并且尽量让自己不去想他。去做一些能够分散注意力和让心情放松的活动，这样就可以有效地抑制攀比心理的产生。

其次，我们需要客观地看待自己。我们每个人都有被尊重的需要，这种需要是引起攀比的重要因素。被尊重是我们获得心理满足感的重要途径，但这是要建立在对自我正确客观分析的基础之上的，否则只会因为过分追求虚荣心的满足，导致盲目攀比，忽略了可比性本身。例如，我们希望受到成功者的尊重去买非常昂贵的衣服来将自己打扮得像成功人士一样，然而实际我们却为了支付衣服的价格而花掉了自己最基本的生活费，这就是盲目的攀比。

再次，我们要改变错误的认知，纠正心理偏差。社会是存在竞争的，每个人之间都可以相互竞争。正当竞争往往由于其明确的目标让人信心十足，精力充沛，是一种积极的心理。而攀比则恰恰相反，它伴随着一种疲惫的无能感，让人的内心隐隐作痛。长此以往，对身心的危害相当严重。

不要将我们的注意力总是集中在与别人的比较当中，这样就能够让我们减少很多不必要的心理压力。别人的成功和闪光点是值得我们学习和借鉴的很好实例，我们一定不要让这些宝贵的财富变成我们的心理压力。学会将眼光放在自己身上，提高自身的素质才是获得尊重满足自尊心的唯一途径。

6.

不要因为失败而倍感压力

在台湾长鸿益集团的厂房中，都有这样一条标语——失败就是迈向成功应付出的代价。没错，失败是每个成功者的必经之路，每个成功的人也都曾经历了无数次的失败。在我们每个人的生命旅途中，失败是常客，面对失败我们是否能够保持良好的心态呢？

当我们在工作中、生活中遇到了失败和挫折，我们是否怀疑过自己，是否因为一次次的失败而在内心中产生动摇。其实，这都是我们自寻烦恼，过分地在意失败会使我们的内心产生很多消极情绪，并且让我们倍感压力。而能够正视失败，从失败中积累经验保持良好心态的人正一步步迈向成功。

有一位穷困潦倒的年轻人，身上全部的钱加起来也不够买一件像样的西服。但他仍全心全意地坚持着自己心中的梦想，他想做演员，当电影明星。好莱坞当时共有500家电影公司，他根据自己仔细划定的路线与排列好的名单顺序，带着为自己量身定做的剧本前去一一拜访。但第一遍拜访下来，所有的500家电影公司没有一家愿意聘用他。

面对无情的失败，他没有灰心，从最后一家被拒绝的电影公司出来之后不久，他就又从第一家开始了他的第二轮拜访与自我推荐。第二轮拜访也以失败而告终。第三轮的拜访结果仍与第二轮相同。但这位年轻人没有放弃，不久后又咬牙开始了他的第四轮拜访。当拜访到第350家电影公司时，这里的老板竟破天荒地答应让他留下剧本先看一看。他欣喜若狂。

几天后，他获得通知，请他前去详细商谈。就在这次商谈中，这家公司决定投资开拍这部电影，并请他担任自己所写剧本中的男主角。不久这部电影问世了，名叫《洛奇》，他叫史泰龙，现如今已是家喻户晓的国际影视巨星。

史泰龙前前后后共经历了1850次失败，最终才换来了成功。假如他在经历了多次失败而没有保持一个积极的心态，而是让失败变成压力，否定自己，那么他早就被失败压垮了内心，也就没有了如今的成就。1850次的失败仍没有将他击垮，这不仅仅是由于他有着锲而不舍的强大内心，更重要的是他能够正视失败，没有让失败给自己徒增压力，通过自己的努力最终打破了失败的局面。

作为农民工中普普通通的一员，我们在适应城市生活和工作的过程中也会经历着一次次的失败。在面对这些失败时，我们应当将它们看成是积累经验的源泉，对失败有一个积极的认识和平和的心态，这样就让失败成为了我们成功的动力，而不是我们的心理压力。

在我们面对挫折时，有一些小技巧可以让我们调适心理，以一个更加积极的心态去面对它。

(1)认真分析挫折产生的原因

在我们遇到挫折时，我们应当让自己学会不去想挫折本身，而去分析它背后的原因。这样我们不但能够形成一种正视挫折的好心态，还能通过分析挫折的原因来削弱对于挫折本身的关注，积累更丰富的经验。

(2)利用宣泄来摆脱压力

在遇到挫折时，如果我们只是一个人选择默默地承受，难免会让内心产生一些压力。我们可以试着与别人倾诉自己的挫折和失败，这样能够释放心理压力，让内心更加轻松。

(3)学会幽默的自我解嘲

在遇到挫折时，幽默和自嘲是平衡心态、制造快乐的很好方法。当我们遭遇失败时，我们不妨试试“阿Q精神”，用“精神胜利法”来宽慰自己的内心。比如，在面对失败时我们可以对自己说："有失就有得，虽然这件事失败了，但是我其实已经够成功了。"

(4)培养锲而不舍的精神

当我们遇到失败和挫折时，要让自己的内心更加坚强，培养锲而不舍的精神。每当我们失败时，我们要不断对自己说："在哪儿跌倒就要在哪儿爬起来，失败并不丢人，放弃才是最丢人的！"通过不断地进行自我激励，培养出锲而不舍的精神，这样失败反而会成为激发我们内心潜能的最大动力，而不会成为我们心理上的巨大负担。

当我们能够正视失败，把失败当成自己的朋友，我们的心理压力自然会减轻不少，并且会增加内心的正能量，让失败成为我们的原动力，推动我们迈向工作的更高峰和更加美好的生活。

7. "化敌为友"将压力变动力

只要我们在人类社会中生存，工作、生活、情感等多方面因素就都会给我们带来压力，这些压力是不可避免的。我们除了可以通过一些方法来释放压力，还可以通过调适自己的心理来将压力变成动力。

当我们放下内心那些偏执的臆想与负面情绪，才能在逆境中获得快乐，才能直面自己的痛苦与挫折，告别偏执与消极，轻松化解工作和生活压力，将它们转化成我们拼搏的动力，让生活从此告别沉重和平庸，变得更加充实且富有激情。

作为在城市中拼搏的农民工，如果我们能把方方面面的压力变成我们工作的动力，那么在面对繁重的工作和各种生活中的不适应时，我们不但能以一个较为轻松的心态自如地去应对，还能够从中获得极大的前进动力。

陈希是一名普通的农村女孩儿，凭借优异的成绩她考上了重点大学来到城市中完成自己的学业。通过不断的努力，她先后完成了学士、硕士学位，正在攻读博士学位。目前她处在读博的第四年，本该能完成她的学业了，但她的毕业论文甚至还没完成一半。她不断对导师编造故事，讲述她延期的原因。同时，她觉得自己非常无能，并开始怀疑自己的能力，质疑自己的智商。她已经开始形容自己“只不过是懒惰而已”和“就是个废物”，所有这些标签都是和日渐增长的学业压力有关。

她在发现自己的异状后，选择了寻求心理咨询师的心理辅导。

在了解了陈希压力的外因来源于学校和父母时，咨询师问了一些引导她发现积极方面的问题，诸如“拿到博士学位对你而言有什么好处？怎样才能让博士阶段的学习令你自己受益，而不是你的导师或父母？”

在此过程中，陈希意识到最初让她充满动力的一个信念：博士学位的确是对她个人的一个挑战。此外，最初她会把它看作是对她开始很了解的某个领域的一种探索。但是随着时间的流逝，她迷失了。她发现研究主题对她来说是陌生的，她觉得和她没有联结。而咨询师对她说：“事实上，缺乏这一领域的知识本身就是一个挑战。”

陈希特别认同咨询师的观点，后来咨询师又用一个比喻引导她将压力变成动力：“如果有一个电子游戏，而且在这个游戏里会发生什么你知道得一清二楚，然后你开始玩这个游戏，你能愉快地玩多久呢？”

“不会玩太久，因为我会觉得无聊。”陈希回答说。

“那么，现在请你想象在这个游戏中增添了一个新的部分，它保证你不会知道接下去会发生什么，并且给你增加一些必须要去努力的压力。现在你会怎么看这个游戏？你会怎么做？”咨询师说。

“我会玩这个游戏。我会在上面下工夫。”通过回答这个比喻式的问题，她开始正确看待自己学业上的压力。她开始愿意接受这些压力，并且通过尝试去探索那些她所不知道的知识，将这些未知知识对她造成的压力，转化成为了一种产生自求知欲望的动力。

在之后的几周里，陈希开始不断地将学业压力转化成了她探索未知领域的动力，并且开始制定出她想要获得的目标。她不再把博士学位看成是某个她必须完成的事情，她开始把它看成是一个帮助她实现梦想的帮手；这个过程能带来的是不断将压力转化成动力的实际结果。当她把注意力集中在学习的过程上，而非“就是要完成它”的这个结果上，陈希开始发现学习给她带来的压力成为了她不断进取的最大动力。

这是一个典型的将压力转化为动力的成功案例。陈希通过咨询师的引导和帮助，对压力有了一个全新的认识和解读，让她看到了这些对她造成压力的事情其实往往也是她的最大动力。

我们如果也能够对各种压力有一个不同角度的认识，就能够通过调适我们的心理来将压力转化成一种动力，由于压力随时都会存在，也就是说我们的动力也是源源不断的，这将是一股推动我们积极进取的强大力量。下面我们就来说一说，将压力转化为动力的“九步棋”。

第一步，合理的价值观和人生定位。

自我的人生价值和角色定位、人生主要目标的设定等等，简单地说就是：你准备做一个什么样的人、你的人生准备达成哪些目标。这些看似与具体压力无关的东西其实对我们的影响却总是十分巨大，对很多压力的反思最后往往都要归结到这个方面。

第二步，用积极的心态对待压力。

有人说：“危机即是转机。”遇到困难便会产生压力，困难可能是自己的能力不足所导致的，因此整个问题处理过程就成为增强自己能力、发展成长的重要机会，是我们积累经验的宝库。

有人研究所谓乐观系数，也就是说一个人在面对压力时保持正向乐观的心态，他就会比一般人多出20%的机会将压力转化成动力。因此正向乐观的态度不仅会平息由压力而带来的紊乱情绪，还能够变压力为动力，让事情越做越好。

第三步，学会理性的自我反思。

理性反思、积极进行自我对话和反省。对于一个积极进取的人而言，面对压力时可以自问：“如果没做成又如何？”这样的想法并非找借口，而是一种有效疏解压力的方式。

但如果本身个性较容易趋向于逃避，则应该要求自己以较积极的态度面对压力，告诉自己适度的压力能够帮助自我成长。

第四步，留出释放压力的时间，不要将工作压力带回家。

我们要主动管理自己的压力，注重业余生活，不要把工作上的压力带回家。再忙也要留出休整的空间。与他人共享时光、交谈、倾诉、阅读、冥想、听音乐、处理家务、参与体力劳动都是获得内心安宁的绝好方式。选择适宜的运动，锻炼忍耐力、灵敏度或体力……持之以恒地交替应用你喜爱的方式并建立理性的习惯、逐渐体会它对你身心的裨益。

第五步，要自己安排事情，而不是让事情左右你。

工作压力的产生往往与时间的紧张感相生相伴，总是觉得很多事情十分紧迫、时间不够用。

解决这种紧迫感的有效方法是时间管理，关键是不要让事情左右你，你要自己安排你的事。在进行时间安排时应权衡各种事情的优先顺序，要学会“弹钢琴”。对工作要有前瞻能力，把重要但不一定紧急的事放到首位，防患于未然。如果总是在忙于救火，那将使我们的工作永远处于被动之中。

第六步，不要试图一个人承担所有。

平时要积极改善人际关系，特别是要加强与上级、同事及下属的沟通。要记住，压力过大时要寻求他人的帮助，不要试图一个人就把所有压力承担下来。

同时在压力到来时，还可采取主动寻求心理援助，如与家人、朋友倾诉交流，进行心理咨询等方式来积极应对。

第七步，提升自身的能力和素质。

既然压力的来源是自身对事物的不熟悉、不确定感，或是对于目标的达成感到力不从心所致。那么，疏解压力最直接有效的方法便是去了解、掌握状况，并且设法提升自身的能力。

通过自学、参加培训等途径，一旦“会了”“熟了”“清楚了”，压力自然就会减低、消除，可见压力并不是一件可怕的事。逃避之所以不能疏解压力，是因为本身的能力并未提升，使得既有的压力依旧存在，强度也未减弱。

第八步，要活在今天。

压力的产生其实都有一个相同的原因，就是突出表现在对明天和将来的焦虑和担心。而要应对压力，我们首要做的事情不是去观望遥远的将来，而是去做手边的清晰之事。因为为明日做好准备的最佳办法就是集中你所有的智慧、热忱把今天的工作做得尽善尽美。

第九步，保持身体健康，学会放松。

另外一个管理压力的方法集中在控制一些生理变化，如：逐步肌肉放松、深呼吸、加强锻炼、充足完整的睡眠、保持健康和营养。通过保持你的健康，你可以增加精力和耐力，帮助你与压力引起的疲劳做斗争。

有了这些将压力转化为动力的方法，我相信我们一定能够在释放心理压力的同时让它帮助我们，使我们在工作和生活中都有一个更加健康的心态和更强的动力去让未来更加美好。

8.

让内心强大，做压力的“主人”

我们作为在社会中摸爬滚打的一员，承受压力是一种客观存在的现实，谁都会承受来自方方面面的压力，而释放和转化压力则是主观的积极心理调适方法。既然我们不能够避免承受压力，那就让我们做它的“主人”来合理地管理它，让它发挥更加积极的作用。

如果想要做“压力”的主人，我们就需要有一个比它更加强大的内心，这样才能够通过实施积极的自我心理干预来调节由于各种外部或心境产生的种种压力，将它们牢牢地控制在自己手中。

培训师在课堂上拿起一杯水，然后问台下的听众：“各位认为这杯水有多重？”有人说是半斤，有人说是一斤，讲师则说：“这杯水的重量并不重要，重要的是你能拿多久？拿一分钟，谁都能够；拿一个小时，可能觉得手酸；拿一天，可能就得进医院了。其实这杯水的重量是一样的，但是你拿得越久，就越觉得沉重。这就像我们承担着压力一样，如果我们一直把压力放在身上，不管时间长短，到最后就觉得压力越来越沉重而无法承担。我们必须做的是放下这杯水，休息一下后再拿起这杯水，如此我们才能拿得更久。”

所以，感到压力大的人，应该将承担的压力于一段时间后适时地放下并好好地休息一下，然后再重新拿起来，如此才可承担更久。而且还应学会，善于把压力分解，避免在一个时期，承担太重的压力。

1984年，在东京国际马拉松邀请赛中，名不见经传的日本选手山田本一出人意料地夺得了世界冠军。当记者问他凭什么取得如此惊人的成绩时,他说了这么一句话:凭智慧战胜对手。

当时许多人都认为,这个选手是故弄玄虚。马拉松是体力和耐力的运动,身体素质好又有耐性才有望夺冠,说用智慧取胜,好像有点儿勉强。

2 年后,意大利国际马拉松邀请赛在米兰举行。这一次,山田本一又获得了冠军。记者让他谈一谈经验,山田本一仍是那句让人摸不着头脑的话:用智慧战胜对手。

10 年后,这个谜在他的自传中找到了答案。每次比赛之前,他都要乘车把比赛的线路仔细地看一遍,并把沿途比较醒目的标志画下来,比如第一个标志是银行,第二个标志是一棵大树,第三个标志是一座红房子……这样一直画到终点。比赛开始后,他就以最快的速度奋力地向第一个目标冲去。等到达第一个目标,他又以同样速度向第二个目标冲去。四十几公里的赛程,就被他分解成这么几个小目标轻松地跑完了。起初,他并不懂这样的道理,他把目标定在四十几公里外的终点线上,结果跑到十几公里时就疲惫不堪了,因为他被前面那段连着的路程给吓倒了。

以上的两则案例都是成功地驾驭了压力,合理地将压力进行了削弱和释放,将它控制在了一个自己可以接受的范围内。可见,只要能够运用心理调适来合理地管理压力,再大的压力也可以被一步步地削弱,让它变得不再那么可怕。

做好压力管理的首要原则是要能对压力有所觉察。人体对压力往往有一种天生的吸收一缓冲机制,适当的压力会被身体转化成活力与激情,因此如果一人处于流动的、不停变化的压力中,反而可以维持生理及心理的健康。过于安逸的生活让人消沉、昏昏欲睡、机体懈怠、思维迟缓。但有两种性质的压力可能使机体调节失常,一是突如其来的过大压力,二是持续不断低量的压力。

压力依据程度的轻重可以分为三个层次，第一层次为稍微过的压力，可引发人纷乱的情绪；第二层次则为较大的压力，它会带来人体生理的各种不适反应；第三层次是过大的压力，此时会出现意识缩窄，对环境反应迟钝，身心处在崩溃的边缘。

压力管理的第二个原则是平衡。躯体与精神两种压力常呈线性增长的关系，躯体压力大，精神压力也会慢慢增大，反之亦然。通过放松来释放躯体压力，精神的压力也在释放。

当我们集中精神工作太久，或者长期处在竞争的状态里，可通过机体的放松来释放内在的压力。

而当我们懈怠太久，无所事事的时候，通过机体的运动也可保持精神的活力。

压力管理的第三个原则是处理压力的技术。管理好各类压力有很多可操作的好方法，如写压力日记、肌肉放松训练、冥想与想象、倒数放松、自我催眠及一分钟放松技巧等，并按照各种生活场景给予恰当的提示与指导，可以作为人们压力管理的手册。

压力管理的第四个原则是保持积极心态。良好的心态可增加人们应对压力的能力，不良的心态本身就像一团乱麻，干扰人的内心。

当我们能够熟练地通过各种心理调适方法来控制压力时，我们就做到了成为压力的“主人”，此时压力也就不再对我们具有很大的威胁，反而会成为我们增加内在动力的好帮手。

第七章

不断完善自我，化解人格危机

1.

走出偏执，凡事不钻牛角尖

俗话说的“钻牛角尖”在心理学上被称之为偏执。偏执是指对某些事或者某种情感过分地夸大，在进行评价时掺杂了极端的主观认识。而爱“钻牛角尖”的人就是偏执对人格产生了较大的影响形成了偏执型人格。

偏执型人格又叫妄想型人格。其行为特点常常表现为：极度的感觉过敏，对侮辱和伤害耿耿于怀；思想行为固执死板，敏感多疑、心胸狭隘；爱嫉妒，对别人获得成就或荣誉感到紧张不安，妒火中烧，不是寻衅争吵，就是在背后说风凉话，或公开抱怨和指责别人；自以为是，自命不凡，对自己的能力估计过高，做事喜欢走极端，认死理。同时这种人又很自卑，总是过多过高地要求别人，但从来不信任别人的动机和愿望，认为别人存心不良；不能正确、客观地分析形势，有问题易从个人感情出发，主观片面性大。

雷某，男，20 岁，大二年级学生，成绩优异。这次在班干部竞选中，他很自信地竞选班长一职，但是在班上却仅两个人投他的赞成票。他很气愤，并没有从自身寻找问题，而是固执地认为班上的同学是嫉妒他的才能，所以联合起来不选他，他绝对是最适合做班长的人。

另外，他有时上课爱顶撞老师，觉得老师的想法明明是错误的，可是老师反而说他是错的，心里很不服气。对很多事情只认自己的理,喜欢钻牛角尖,行事一向我行我素,认为自己比别人有更强的能力和智慧。他做事、说话从来不考虑别人的感受。在生活中也不愿与人分享自己的所见所闻,朋友很少,人际关系很差。

并且,雷某一旦在某些事儿上犯了错误,他是绝对不会承认错误的,反而将错误归咎于其他人身上,把自己撇得干干净净。这样的做法让他周围的同学感到非常反感,大家都远远地躲避他,而他却认为是由于自己指出了他们的错误,他们才报复他、疏远他。

雷某的情况就属于典型的偏执型人格,也就是我们所说的“钻牛角尖”。偏执的人格让他给别人的印象非常不好,同时也让他自己不能客观地去评价和判断一件事,让他在学校生活中举步维艰。

其实我们想想自己,在生活和工作中也时常会发生这种“钻牛角尖”的情况,这其实就是一种偏执的表现,而如果这种情况频发,我们就有可能属于偏执型人格,这种人格容易让我们变得我行我素不顾及他人的想法,让我们将本来平常的事物和感情极端扩大化,容易让我们变得多疑、自负、嫉妒心强,是急需进行调适和心理干预的一种人格。

其实改变这种偏执型人格,我们自己可以适当地做一些心理调适:

第一,经常提醒自己不要陷入“敌对心理”的旋涡中,反思自己已有信念的合理性。事先自我提醒和警告,反问自己:“别人为什么要伤害自己?”世上好人和坏人都存在,但我们却不能因为世上存在坏人,就认为人人都是坏人,处世待人时注意公正客观,会明显减轻敌意心理和强烈的情绪反应。

第二,主动交友。积极主动地与人交往,在交友中学会信任别人,消除不安感。交友的原则和要领是:真诚相见,以心交心。要懂得只有尊重别人,才能得到别人尊重的基本道理。学会理解和尊重别人,学会将心比心,换个角度看问题。“如果我是他的话,别人这样对我,我心里会怎么样想”。通过以心换心，取得对方理解和尊重，给自己一个较宽松的人际空间，要牢记这样一句话，“找到朋友的唯一办法是自己成为别人的朋友”。

第三，要学会宽容和克制，在一些不符合我们愿望的事情发生时，我们要能够接受它，并且首先去承担责任，而不是将责任归咎于他人。要能够容忍一些事物，不能让敌对的情绪吞没自己的理性，当自己发现顺着自己的思路事情根本无法解决时，不妨换一个考虑的角度，多去变换考虑的角度和方向就能够有效地避免陷入“钻牛角尖”的情况中。

在生活和工作中，我们要时刻警惕偏执的出现，通过做适当的心理调适降低偏执出现的机会和次数，这样就可以将我们的人格从偏执中拯救出来，让自己拥有一个更加完善、健康的心理。

2.

摆脱依赖，靠人不如靠自己

在我们的工作和生活中，总会遇到各种各样的问题，这时如果能够有人伸出援手，我们会感到非常高兴。但是，如果不管做什么事情，我们都要去依赖这个援手，那就会逐渐让我们自己失去提高的机会，并且形成一种依赖的人格，让自己难以得到更好的发展。

依赖型人格是自主精神比较弱，独立意识比较缺少的人格。表现为依恋他人，敏感多思，控制情绪的能力较差，偏向感性，不太注意自己参与决策的能力，社会参与程度较低。依赖型人格对亲近与归属有过分地渴求，这种渴求是强迫的、盲目的、非理性的，与真实的感情无关。依赖型人格的人宁愿放弃自己的个人趣味、人生观，也希望能找到一座靠山，时刻得到别人对他的帮助就心满意足了。这种处世方式使得人越来越懒惰、脆弱，缺乏自主性和创造性。

江某是一家国企的主管，她生性温和很少和人吵架，吵架时也经常以她先沉默结束，周围的人都觉得我修养好，人缘好。其实，她自己内心非常不喜欢这样的自我，缺乏表达自己意思的勇气，就算真的是别人的错，吵完架一般都是她先于别人示弱。

江某很怕别人不理她。所以经常会主动和人搭讪，一旦遇到不理她的人，就会非常沮丧。在公众场合，她能起到活跃气氛的作用，用插科打诨来引起大家的注意，在大家的笑声中得到满足。

她最怕的事情是别人不回她短信、邮件，或者qq留言。虽然她知道，可能别人不在线，没收到短信，或者其他原因。但是，这往往带给她恐慌，感觉他们是不是对她有意见呀，是不是讨厌她呀等等。这些想法会充斥她的头脑，令她感到非常郁闷。其实她也知道别人的看法对自己并不那么重要。所以虽然她好友很多，但一般不主动找人聊天，怕别人不理她。

在同学中，她是一个十分稳重的形象，曾经为班级做了很多事，也讨人喜欢，在大学毕业的时候，全班送她的人最多，哭的人也最多。其实，她曾自问：我真正的朋友有几个，其实也就这么几个。但是她把自己伪装起来，感觉好像跟谁都一样友好，这让她十分看不起自己。

江某现在在一家国企上班，而且还通过自己的努力爬到了主管的位置上。但是她自己不敢决策问题，要看领导的眼色，甚至还要看下属的眼色，怕得罪人，也不敢承担责任。长此以往，她估计以后一定会一败涂地，尽管目前她口碑非常好。

为了赢得别人的认同，江某在各方面都想出头。老天似乎对她也不薄，很多体育运动、文艺活动，她都有参加，而且取得了骄人的成绩。这在同龄人眼里，觉得她很有本事，而在她自己眼里，这些只不过是她引起别人注意的工具。

江某的情况就是属于典型的依赖型人格，这种人格让她难以有自己的人生道路和决策，而总是为别人活着。虽然她人缘非常好，朋友也特别多，但是她依旧很害怕失去他们，怕自己没有人可以依靠。

在我们的生活中，有时也会选择依靠比我们更有能力的人，这是正常的也是聪明的做法。但是这种依靠要有节制并且有目的性，而不是盲目地去依靠我们身边的任何一个人而自己却逃避责任。我们的生活是由自己亲手创造出来的，别人再帮我们也只能是锦上添花。总是依赖别人的帮助，就会让这种依赖影响到我们的人格，形成依赖型人格，从而让我们难以独立生存。

当我们发现自己存在有习惯性的依赖时，其实也可以通过一些小的心理调适来“戒掉”这种依赖。

第一，我们可以尝试习惯纠正法。

依赖型人格的依赖行为已成为一种习惯，必须破除这种不良习惯才能改善依赖型人格。要了解自己的行为中哪些是习惯性地依赖别人去做，哪些是自己做决定的。你可以每天做记录，记满一个星期，然后将这些事件按自主意识强、中等、较差分为三等，每周一小结。对自主意识强的事件，以后遇到同类情况应坚持自己做。例如某一天按自己的意愿穿鲜艳衣服上班，那么以后就坚持穿鲜艳衣服上班，而不要因为别人的闲话而放弃，直到自己不再喜欢穿这类衣服为止。这些事情虽然很小，但正是你改正不良习惯的突破口。

第二，我们可以慢慢重建自信。

如果只简单地破除了依赖的习惯，而不从根本上找原因，那么依赖行为也可能复发。重建自信法便是从根本上加以矫正。依赖型的人缺乏自信，自我意识十分低下，这与童年期的不良教育在心中留下的自卑痕迹有关。我们可以回忆童年时父母、长辈、朋友对自己说过的具有不良影响的话，你把这些话语仔细整理出来，然后一条一条进行重新认识，并将这些

话语转告给你的朋友、亲人，让他们在你试着干一些事情时，不要用这些话语来指责你，而要热情地鼓励、帮助你

我们对于自己，可以选做一些略带冒险性的事，每周做一项。例如：独自一人去陌生的地方旅行，或是完成一项具有挑战性的工作，独自一人去参加一项娱乐活动。通过做这些事情，可以增加你的勇气，改变你事事依赖他人的弱点。

记住，不管我们身处何种境地，依靠自己永远是最可靠的方法，他人只能为我们提供帮助，但是却不能代替我们生活。因此，我们必须自己学会自立、自强，才能够将生活的前进方向牢牢掌握在自己手中。

3．学会挑自己的毛病

挑出别人犯的错误很简单也很轻松，但是敢于挑出自己的毛病可不是所有人都能做到的。所谓挑自己的毛病就是学会自省，自省是具有较强自我能动性的人才能够获得的能力。在心理学看来，自省不仅是一种优良的品德，更是一种使人走向幸福的关键因素。心理学把自省定义为通过自我意识来省察自己言行的过程，也就是自我评价、自我反省、自我调控和自我教育。

自省不等于自我批判，还包括自我肯定。逆境时要自省，顺境时更要自省，在自省中总结过去，规划未来。自省也不等于盲目自责，自省是积极的、愉快的、建设性的，是往好的一面引导自己思想言行的心理活动。

松下幸之助是日本松下集团的创始人，也是世界上最成功

的企业家之一。在他身上曾经发生过这样一件事。

一次，一位下属因经验欠缺而使一笔贷款难以收回，松下幸之助勃然大怒，在大会上狠狠地批评了这位下属。

事后，仔细一想，松下为自己的过激行为深感不安。因为那笔贷款发放单上自己也签了字，下属只是未摸准情况而已。既然自己也应负一定的责任，那么就不应该这么严厉地批评下属了。想通之后，他马上打电话给那位下属，诚恳地道歉。恰巧那天下属乔迁新居，松下幸之助得知后便立即登门祝贺，还亲自为下属搬家具，忙得满头大汗。而且，事情并未就此结束。一年后的这一天，这位下属收到了松下的一张明信片，上面留下了一行亲笔字："让我们忘掉这可恶的一天吧，重新迎接新一天的到来！"看到松下的亲笔信，这位下属感动得热泪盈眶。

知耻者近乎勇。松下幸之助能够通过自省做到自我批评，从自身上发现不足，难怪他能够成为如此成功的企业家。

松下幸之助作为一名成功的企业家和管理者，其身上这种自省的能力对他有着极大的帮助。不管发生什么事，首先能够从自身找原因的人往往具有更强的责任心，也更容易获得经验提升自己。

自省是一种能力，自省能力好的人表现为意志力强、个性独立、有自己内在的世界观、喜欢独立思考、追求自己的目标、有自信、有自己的风格、能独立完成属于自己的任务。而自省能力差的人自我价值感很低、不知道自己的人生目标、不太留意自己日常的感觉、时常担心亲近的人会不喜欢自己、不喜欢一个人生活、有时会有虚无感、觉得没有真正活着、经常为一些小事不安。

可见，如果想在工作上更上一层楼，想在生活中过得更加美好，自省是一种不可或缺的能力。那么，如何才能更好地培养自己的这种能力呢？

首先，我们在遇到失败时要敢于承担。在我们的生活和工作中，面对各种各样的失败是家常便饭。然而，如果我们总是将失败归咎于客观原因或者其他人的错误上，不敢去承担失败，我们也就无法从失败中吸取教训，反省自己的不足。

其次，我们需要对自己有客观的评价。自省实际上就是对自己的一种审视，只有站在客观的角度上才能够让这种审视具有价值。因此，我们可以培养自己如何以第三方的眼光来看待自己，在评价自己时尽量去抑制主观因素造成的干预。能够客观地评价自己，我们就能够更好地做到自省。

最后，自省是一种习惯，需要我们坚持。自省不是一种偶尔出现的情况，它是一种能力、一种习惯。我们在平时的工作和生活中要不断提醒自己，时刻进行自省，我们才能让它发挥出更大的作用。保持一个轻松、愉快的心情去进行自省，这样就能够让自省的过程得到强化，我们会认为自省是一件值得高兴的事情，这样更有益于我们将它坚持下去。

4. 抛弃自私，利人利己

人或多或少都会有自私的一面，自私几乎是所有动物所具有的，与其说它是一种心理，不如说它是一种与生俱来的属性。不管是在工作还是在生活中，凡是触动我们利益的事情都有可能让我们产生自私心理。但是，虽然这种心理是客观存在的，我们却需要尽力遏制它的膨胀，当自私膨胀到一定程度，它就会扭曲我们的价值观和行为，让我们的心理产生严重歪曲和障碍。

自私心理是指个体面临自己利益与对方冲突时，会不计对方损失，以满足自己利益为主；此外，自私者在进行自私行为的同时，通常能察觉自己的行为可能损及别人的利益，但仍按照自己的利益不择手段。如果让这种心理膨胀起来，不但会对别人造成很大的伤害，最终也会反作用于我们自己，让我们失去最基本的底线，难以在社会中立足。

这是一个应聘者叙述的真实故事：

在经过一轮复一轮的重重筛选后，我们5个来自不同地方的应聘者终于从数百名竞争对手中脱颖而出，成为进入最后一轮面试的佼佼者。

面试那天早上，公司规定需在9点准时到达现场。我们5个不仅没有人迟到，还都不约而同地提前了半个多小时。距面试开始时间还早，为了打破尴尬的僵局，我们勉强地聚在一起闲聊了起来。看着眼前这些随时会威胁自己命运的对手，我们在交谈中彼此都显得比较矜持和保守，甚至夹着丝丝的冷漠和虚伪……

忽然，有一个青年男子也急急忙忙地赶来了。他的到来成了我们转移这毫无内容的话题的大好借口。我们纳闷地看着他，因为在前几轮面试中我们不曾见过他。

他似乎感到有些尴尬，然后就主动迎上前开口自我介绍说，他也是前来参加面试的，只是由于太过于粗心，忘记带笔了。他问我们几个是否有笔，想借来填写个人简历表。

我们面面相觑。本来竞争就够激烈的了，半路还要杀出一个“程咬金”，岂不是会使竞争更加激烈吗？要是咱们不借笔给他，那不就减少了一个竞争对手，从而加大了成功的可能？我们几个像有心灵感应似的你看着我我看着你，终于没有人出声，尽管我们身上都带着多余的笔。

稍后，他看到我的口袋里夹了一支签字笔，眼前立刻掠过一丝惊喜：“先生，可以借给我用用吗？”我被他问得手足无措，慌里慌张地说：“哦……我的笔……坏了！”

这时，我们5人当中有一个沉默寡言的“眼镜”走了过来：“对不起，刚才我的笔没墨水了。我掺了点自来水，还勉强可以写，不过字迹可能会淡一些。”

那男子接过笔，感激地握了握“眼镜”的手。我们4个则轮番用各自的白眼瞟了瞟“眼镜”，不同的眼神传递着相同的意思——埋怨、责怪、甚至愤怒。

一转眼，规定的面试时间已经过去20分钟了，面试室却仍旧丝毫不见动静。我们终于有些按捺不住了，就找到有关负责人询问情况。谁料里面走出来的却是那个似曾相识的面孔：“结果已经见分晓，这位先生被聘用了。”

他搭着“眼镜”的肩膀微笑着向我们做了一个鬼脸：“本来，你们能过五关斩六将来到这儿，非常难能可贵。作为一家追求上进的公司，我们不愿意失去任何一个人才。但是很遗憾，是你们的私心使自己失去了机会啊！”

这个故事告诉了我们，自私有时候不但不能让你得到更多，反而会让你失去很多。我们的惯性思维总是：如果只为自己考虑，我们就不会便宜了别人。其实这是一种非常错误的自私心理，这种心理会让我们的目光变得非常狭隘，如果运气好我们可能得到了我们想要的东西，但是为此我们却失去了更多值得我们珍惜的东西，让我们蒙受巨大的损失。

作为农民工中的一员，较大的工作和生活压力可能让我们更加极端地去追求自己的利益最大化。追求利益并没有错，但是不能够以牺牲他人和社会的利益作为代价，这样只会让我们渐渐失去与朋友、与同事之间的关系，让我们在这个社会中变得更加孤立。试想，谁愿意与一个毫不在乎自己利益的人来往呢？

要想克服自私心理，就需要我们尽量抑制它的产生，或是在产生后控制它的膨胀。其实一些非常简单的技巧就能够让我们完成这件事。

首先，我们可以积极地去参加集体活动。例如，打篮球、踢足球等集体运动，或是大家一起去郊游。在这些活动的过程中我们就会深刻地感受到他人的重要性，以及建立帮助他人就是帮助自己的观念。

其次，我们要在生活中学会换位思考。当与别人发生利益上的冲突时，不要立刻就将对方划入敌人的范畴，为了保住自己的利益不择手段。应当把自己换到对方的位置上去思考，人与人的交往需要真诚与友爱，不要因为眼前的一点点小利益而失掉了更宝贵的东西。

最后，我们还可以多做一些利他行为。例如，我们可以去给希望工程捐款，为他人排忧解难。甚至我们可以从坐公交车时为老人、孩子让座，在工作中与他人分享自己的心得这些小事开始。这种不计回报的无私行为会让我们树立正确的价值取向，让自己的自私心理被逐渐地抑制。

5. 奉公守法，轻松无虑

奉公守法是每个公民应尽的义务，违反法律必将受到应有的惩罚，这是我们每个人都知道的。然而，依旧有一些人由于禁不住诱惑而迈向了触犯法律的深渊。还有一些人，迷信“灰色地带”的存在，在违法的边缘徘徊，打“擦边球”，这样也很容易让自己走上犯罪的道路。

作为农民工中的一员，我们可能习惯了听从领导或老板的安排，对于法律的了解较少，很可能被利用从而走上犯罪的边缘。另外，由于较大的工作和生活压力，有些人可能希望耍耍小聪明，去钻一些法律的空子来挣一笔“外快”。这种想法是十分危险的，它不但容易导致我们走上犯罪的道路，还会给心理增加很大的压力。每天总是想着不要被法律抓个现行，必然会处于紧张的状态。并且，这样做很可能会让我们的法律和道德意识越来越淡薄，影响我们的价值观，让我们走向反社会倾向的人格，无视道德、漠视法律。

林某与妻子去镇集市选购农资，正赶上广州某厂前来招搬运工，给出的条件是：工作轻松，包吃住，每月工资3000元。林某与妻子当即报名，可到了地方才知是制造假烟的小作坊。劳动一年后，林某因涉嫌生产、销售伪劣产品罪被检察机关逮捕。可林某等人认为，自己只是干活的，只提供劳动力，怎么就构成犯罪了呢？

在这个案件里，作坊老板固然构成主犯，其他人只要实施了生产伪劣产品的行为，均构成生产伪劣产品罪的共犯。林某明知这家小作坊生产假烟，仍然参加了生产假烟的活动，厂方并没有限制其自由活动，这样的“业”他们完全可以不“就”，其愿参加生产假烟，知法犯法，必然将受到法律的处罚。

案例中，林某法律意识淡薄，认为老板让做的事情就可以去做，老板会承担全部的责任，然而却在不知不觉中触犯了法律，最终受到了惩罚。因此，我们一定要增强自己的法律意识，在面对上级对我们的指示时，有自己判断的能力，坚决不去做违法的事情。

向往城市生活的张某系省城某餐馆厨师。今年年初，老板将整个后厨承包给张某。张某为了名利双收，创造出特色冷菜“泡椒凤爪”。此间，他听说用过氧化氢（俗称“双氧水”）浸泡鸡爪，颜色更白净鲜艳，便从一家药店购买了两瓶双氧水，再加水用于浸泡鸡爪，共售出用双氧水浸泡过的鸡爪120多斤。此案被公安机关立案后，张某强调并不知道此行为触犯法律，又没造成什么后果，不应当构成犯罪。

张某用双氧水浸泡鸡爪进行出售，虽无顾客伤亡后果，但工业用双氧水浸泡过的鸡爪为有毒有害食品。依据刑法规定:“在生产、销售的食品中掺入有毒、有害的非食品原料的,或者销售明知掺有有毒、有害的非食品原料的食品的,处五年以下有期徒刑或者拘役,并处或者单处销售金额百分之五十以上二倍以下罚金。”

张某的事情告诉了我们,即使我们的行为并没有造成严重后果,只要是越过了法律的界限,都会受到法律的制裁。法律判断我们是否违法是依据法律条文,并不是通过造成的后果来判断的。

可见,犯罪看似离我们非常遥远,但是只要把持不住自己,犯罪离我们只有一步之遥。一旦走上犯罪的道路再想回头就很难了,最终法律一定会予以应有的惩罚。为了尽力避免走上违法的道路,我们可以在有违法念头时通过适当的心理调适来从心理上控制我们的行为,让违法行为在发生前就被消灭。

首先,不要抱有侥幸心理。正所谓“天网恢恢疏而不漏”,只要我们做了违法的事情就一定会受到法律的惩处。不要对自己说:“就这一次,没事儿的。”这是一种非常危险的心理,它常常是导致人们最终选择走向犯罪道路的罪魁祸首。

其次,不要认为小罪就可以犯。有些人可能会想,我只是做一些很小的违法行为,不会被处以多么严厉的处罚,即使被抓到受到了处罚也无所谓。这其实就是在心理上开始放纵自己,让自己漠视法律的存在。久而久之就会觉得再大一点儿的罪也是可以接受的,最终让自己陷入万劫不复的深渊。

最后,要时常巩固自己的正确价值观。在我们做任何事之前,首先都要在心理上对自己进行暗示,提醒自己不能越雷池一步,任何触犯法律的事情都不能发生在自己身上。经过长时间的心理暗示,我们就会将守法当成一种不可或缺的习惯,避免自己走上犯罪道路。

6. 摒弃恶习，洁身自爱

有时我们感到工作压力很大，就会习惯性地抽一支烟，认为这样可以缓解压力。有时我们感到心烦，就去喝一喝酒，感觉这样能够舒缓心情。甚至我们感到生活索然无味时，会去尝试毒品，让自己精神恍惚。其实，这都是我们的错觉，这些东西不但不能够帮我们改善心情，反而会严重危害我们的身体和心理健康。

想要让心情变得愉快，想要让生活变得更有趣，我们应该学着去调适我们的心理，让积极心理占据我们的内心，这样才是正确的方法。吸烟、酗酒、吸毒不能改变任何现状，只会帮"倒忙"。

邢某与徐某于1994年结婚，婚后生育一子现在县城某高中就读。他们本是一对恩爱的夫妻，家庭也十分和睦。但婚后不久，徐某由于工作压力较大，经常利用晚上时间与朋友喝酒，发泄心中的不满，逐渐就染上了酗酒的恶习。徐某几乎天天酗酒，酗酒后就打骂妻子及孩子，给妻子造成了很大的伤害，但多年来邢某基于他酒后还能正常干农活，还能供养这个家的考虑一直忍受至今。但是后来，这种打骂越来越严重，徐某酒后将儿子打伤，邢某考虑到为了不影响孩子学业和身体健康，遂决定起诉与徐某离婚。庭审过程中被告徐某对自己的酗酒恶习完全承认，但辩称自己无法控制饮酒，不同意离婚。

法院经审理认为，被告徐某近十几年的酗酒恶习，已经导致原、被告夫妻感情破裂，应予判决离婚；主审法官向被告徐某进行了法律释明“有赌博、吸毒等恶习屡教不改的，经调解无效，应准予离婚”。被告徐某服从法院的判决，并对自己的恶习导致的家庭破裂悔恨不已。

徐某本来有一个幸福、美满的家庭，有深爱着的妻子和孩子。然而由于不能用正确的方法来排解工作压力，而选择让酒精麻痹自己，最终形成了酗酒的恶习，闹得妻离子散，家庭破碎。

酒精可以暂时麻痹我们的中枢神经，制造暂时释放压力的假象。然而当酒醒后，我们会发现压力依旧存在，于是就可能导致我们越来越频繁地饮酒，形成酗酒的恶习。酒精会对我们的中枢神经造成严重的损害，长时间大量饮酒会导致中枢神经紊乱，导致精神错乱和精神病。

17 岁的何鑫是一名职高学生。他为人豪爽，也很有组织能力，在同学中很有人缘。担任班长的何鑫什么都好，就是有吸烟的毛病。小时候看到父亲吸烟，他也模仿父亲的样子偷偷吸烟，于是就有了点儿瘾。母亲发现后也没当一回事，只是说：“你还小，以后别抽了！”

一天晚上，他上同学王建家玩，喝了点儿酒后，特别想抽烟。可是身边没有烟，也没钱买。于是，两人决定出去“借”点儿钱买烟。他们在街上到处溜达，寻找“借”钱的目标，最后锁定在路边绿化带的僻静处谈恋爱的一对青年男女。何鑫上去揪住男青年的衣领说：“哥们儿，借点儿钱花。”王建二话没说，上去就翻他衣兜。

女青年被吓得说不出话，男青年一边反抗一边嚷：“没钱！放开我！”双方扭打起来。何鑫害怕招来警察，急得直冒汗，突然发现路边有一根铁钎子，他顾不得多想，抄起来就扎向男青年的胸部，男青年当场栽倒在地。被送到医院后，虽经全力抢救，终因失血过多死亡。

面对法官时，何鑫和王建一脸茫然，想不明白为什么只是想弄点儿钱买盒烟，怎么会变成这样。因犯抢劫罪和故意伤害（致死）罪，他们付出了青春的代价，何鑫被判处无期徒刑，王建被判处有期徒刑 15 年。

发生这样的悲剧就是因为对于何鑫小时候的吸烟行为，家长没有进行严令制止，致使他逐渐吸烟成瘾。当烟瘾来时，因为没有经济来源，就走上了抢劫的道路，最后因故意伤害（致死）罪被判无期徒刑。

何鑫养成吸烟的习惯，并没有得到他自己和父母的足够重视。最终由于烟瘾的作用，他走上了犯罪道路，毁了自己的一生。看似不起眼的烟卷怎么会有如此大的危害呢？

这主要是由于烟草中尼古丁这种成分起的作用。尼古丁是烟草里面的成瘾物质。尼古丁对人的大脑和身体有几个作用：第一，它可以刺激大脑的快乐中心，使人有欣快感；第二，它还有镇静作用，尤其在有压力的时候；第三，它还会影响身体的激素分泌。这些作用，尤其是前两个作用，使人觉得吸烟是一种乐趣或可以减压，因此不断地去重复吸烟。

随着吸烟次数的增加，吸烟的人逐渐对尼古丁产生了耐受性，也就是说，如果要达到相同的快乐或减压效果，他要吸进更多的尼古丁，这样，他的吸烟量逐渐增大。长期吸入尼古丁以后，大脑的结构就产生了变化，大脑的活动和功能也会随之发生变化。

也就是说，长期吸烟使人的大脑的结构、活动和功能都产生了变化，而大脑也适应了这样的变化。也就是说，大脑已经习惯了要有尼古丁才能使它运转正常，而某一天突然没有了尼古丁，大脑的结构、活动和功能都会有点儿失常，于是人会有情绪、心理和身体上的不适，这就是戒断症状。因此，人就不得不补充尼古丁，并对尼古丁产生了身体上的依赖，也就是成瘾了。

而尼古丁对大脑产生的影响会导致我们的情绪更加极端化，行为掌控力也变得更差。一旦烟瘾发作很容易让我们做出一些不受控制的举动，造成难以估计的后果，可见吸烟的危害是非常可怕的。

16 岁的男孩小华虽然从小爱玩好动，但学习成绩还算不错。这个年纪的孩子，爱打游戏机的挺多，小华也不例外。一次，在游戏机房里，小华认识了一群“哥们儿”。他们掏出一种白色粉末，围坐在那里吸，一副“飘飘欲仙”的样子，一下子就引起了小华的好奇。当“哥们儿”怂恿他尝一口时，小华毫不犹豫地伸出了手。有了第一次，就有了第二次、第三次。后来，为了弄钱吸毒，小华开始学会说谎，学也没心思上了，甚至骗起低年级同学的钱。

很快地，他吸食的剂量越来越大，骗来的钱已经不够他凑齐毒资，因此他开始进行盗窃、抢劫等犯罪行为。最终，小华由于抢劫和偷窃被判刑。在监狱中的他不但是去了自由，还要忍受强制戒毒带来的痛苦；他追悔莫及，但是为时已晚。

“吸毒与犯罪是一对孪生兄弟”，小华的事情很好地诠释了这句话。一个吸毒者每个月起码耗费毒资万元以上，而且一旦成瘾，剂量还会越来越大。吸毒者为购买毒品耗尽收入，继而变卖家产，甚至偷窃、抢劫、拐骗、卖淫、杀人，祸及家庭、危害社会。

如果说吸烟、酗酒是一种不良行为，需要进行防范，那么吸毒绝对是让我们的生活走向毁灭的捷径，一定要与毒品“绝缘”。吸毒会给身体和心理造成极大的伤害。吸毒会导致浑身乏力，肌肉萎缩，会对大脑造成严重损害，导致精神失常，并且戒断毒瘾相比于戒烟、戒酒更加困难，一旦吸食毒品很可能终身都无法摆脱这个“白色幽灵”的纠缠。

还是那句老话“珍爱生命，远离毒品”，不要给自己任何机会与毒品接触，在心中时刻提醒自己绝不能在毒品面前妥协，让我们美好的生活和健康的身心远离毒品的“魔爪”。

抽烟、喝酒、吸毒……这些恶习不仅会损害我们的身体健康，还会给我们的心理健康带来极大的不良影响，甚至把我们引向犯罪的深渊。所以，外出打工的我们，一定要养成文明健康的好习惯，摒弃有损健康的坏习惯，洁身自爱才能让家人放心，让自己上进。

7．拒绝暴力，暴力解决不了问题

暴力自古以来都是解决难以调和问题最直接的方法。然而，现在的社会是一个法制的社会，任何人在法律没有赋予他权利时都无权使用暴力。其实人都有征服欲，只要有征服欲就会有暴力倾向，这是人的原始本能所致。但随着人类的进步，文明程度有了飞速的提高，法律、道德有效地限制了暴力任意发生。即使我们受到了不公正的待遇，即使我们是被侵害权益的一方，一旦我们动用了暴力，我们实际上就已经触犯了法律底线。

作为农民工中的一员，我们很多人可能都遇到过歧视、辱骂、不公正的待遇、拖欠工资等情况，在面对这些情况时，我们应当学会以道德、法律作为保护自己的武器，而不是以暴力对暴力，那样不仅解决不了任何问题，反而会让问题更复杂，后果更严重。

今年 28 岁的打工者王斌余，至今未婚，不过，他再也没有这个机会了。2005 年 5 月 11 日晚，这个来自甘肃省甘谷县盘安镇一个偏僻小山村的年轻人，激愤之下一连捅死 4 个人。

这是一起简单的凶杀案件，王斌余也只是一个普通的罪犯，和其他凶杀案一样，等待他的将是法律的严惩。

然而，透过王斌余被贫富差距和社会不公所扭曲的心灵，这又不是一起简单的凶杀案件。它折射出，在王斌余的背后，许许多多的农民工，有着相似的困惑与挣扎。

只上过小学四年级的王斌余，没有什么文化与技能，为此他只能靠出卖苦力维生。在外出打工的八九年，他总是在屈辱中挣扎，最终也因无法承受屈辱而成了杀人犯。

“我杀了他们，是被他们逼的。”那个夜晚王斌余并没有想杀人。

5 月 11 日晚，因为没有要来工资，他和弟弟王斌银又被拒绝住到宿舍，他们便到外面找个住所。

就在这时，王斌余又遇到了白天没有给自己工资的吴某某以及苏志刚、吴华等人。“我就是想问他们要点儿生活费。”

据警方事后调查，王斌余兄弟两人来到吴某某位于惠农区河滨工业园区的住处后，再次向吴某某索要工资，但吴某某没有开门，于是双方发生争执。之后，苏志刚、苏文才（苏志刚之父）、吴华、苏香兰（女）先后到来，也和王斌余兄弟争吵了起来。

提起那天的事，王斌余有点儿激动：“苏志刚说我告他的状，可我从来没有。苏文才还打了我弟弟一个耳光。我告诉他们，我们只是来要工钱，并不是来打架的，可是他们父子俩又来打我。”

也许正是苏文才打了王斌余弟弟一个耳光，让王斌余长期压抑在心中的愤怒爆发了，“为什么我们活着总是让人欺负？”

王斌余的愤怒变成了疯狂。他掏出身上的一把折叠刀，将苏志刚、苏文才、吴华、苏香兰相继捅倒在地，又见吴某某之妻汤晓琴扶着被捅伤的苏志刚蹲在墙根处，王斌余持刀又将汤晓琴捅伤，后又看到吴某某，王斌余追了上去。

王斌余没有追上吴某某。此时已丧失了理智的王斌余又回到事发现场，对4个被害人再次进行捅刺，“他们这样欺压民工，却受不到法律的制裁，我就是要杀了他们。我杀了他们，并不是我想的，这是命运的安排吧。”对于自己的所作所为，王斌余没有后悔，“反正我也不想活了，我这样活着太累了！”

上面的案例就是让整个社会震惊的王斌余讨薪杀人案，这个案子折射出的是一个本来善良却被愤怒所扭曲的心灵。如果王斌余能够学会利用道德、法律、舆论的力量来帮助他受到公正的待遇，让他能够获得属于自己的劳动成果，可能他现在正过着幸福的生活。然而，他却一直隐忍，最终在爆发中选择了利用严重的暴力行为为自己讨了个所谓的“公道”。

其实我们仔细想想，不管遇到任何事情，使用暴力除了能够对他人和自身造成极大的危害，并不能解决任何问题。如果我们在遭遇歧视时痛打歧视我们的人，他并不会改变这种歧视的看法，只会暂时屈服于暴力而已；如果我们在讨薪时使用暴力，用法律不允许的方法争取自己的利益，即使将薪水拿到，而自己却受到了法律的制裁，那又有什么用呢？

可见，暴力是不能帮助我们解决任何问题的，相反它只会让问题变得更加复杂，更加难以处理。那么，如何才能够避免自己在解决问题时产生暴力倾向呢？

首先，我们不管遇到任何事都要遏制自己的愤怒，让心理处于一种较为平静的状态。只有这样我们才能够不让感性的心理控制我们的行为，而通过理性的思维来想到解决事情的正确方法。

其次，我们要深刻认识到，暴力会让自己陷入更深的困境。暴力行为会导致我们触犯法律，而触犯法律就要受到法律的制裁。我们本来是想争回属于自己的权益，让生活更加美好，然而使用暴力只会让我们受到惩罚，那又谈何美好的生活呢？更何况，暴力可能能暂时让人屈服，然而却很难改变别人对我们的敌对心理，反而会加剧这种心理，这并不是我们希望的。

最后，我们要学会排解负面情绪。很多暴力行为都是由于负面情绪的过分积攒导致的情绪爆发所引起的。比如，经常受到辱骂和欺负，但是我们并没有力图改变，也不去释放这种情况所带来的消极心理。久而久之这种情绪就会压垮我们，让我们爆发出极端情绪，进而产生暴力倾向和暴力行为。因此，我们要时常去释放心中积压的负面情绪，让它缓慢多次地被“排”出我们的内心，让我们的情绪更加容易掌控。

第八章

理智对待情感，拥抱幸福人生

1. 幸福婚姻与金钱和地位无关

什么是幸福美满婚姻的必备要素？是浪漫？是沟通？还是真爱？我们可能能够想到很多很多。现今的社会，大家都变得越来越物质，很可能有人会觉得金钱、地位可以帮助我们成就幸福的婚姻。

因为金钱和地位一直是一个标志——标志着控制力，标志着爱和安全，还标志着自尊和成就。在一份婚姻中，如果丈夫是家庭收入的唯一来源，那么他也会“顺便”掌握家庭权力；如果一方的收入或地位没有期望中的那么让人满意，那么他的自尊也会同时摇摇欲坠；更或者，如果夫妻中有一方陷入经济危机，他们的婚姻也很容易掀起层层不满和怨恨。

但是，事实证明当我们因为金钱和地位而影响到感情时，往往最终的结果并不是我们期待的那样。因为金钱和地位而放弃一份真挚的感情，一定会让我们追悔莫及。而有了金钱和地位后，我们会发现它们根本不能守护我们的感情，感情更多的是一种内心的体验，而不是对于外部条件的追求。

其实在刚刚约会的时候，跟很多女孩一样，小悠也是理直气壮地让沈飞包揽所有的费用。从公共汽车票到别致的晚餐到夏天的冰淇淋，统统都是沈飞掏钱付账。“在结婚前，我们从来没有谈到钱的问题。”小悠说，“我甚至不清楚沈飞赚了多少钱。那些有关钱的问题，看起来并不重要。”

可是当他们准备迈入婚姻，金钱问题就不得不被纳入考虑的范围：共同生活所需要的花销，绝不是沈飞这个刚刚参加工作不久的毛头小伙子所能承担的。“我们干脆一五一十地算好账，采用AA制。”最初实行AA制，还是小悠的主意。她觉得，自己虽然花钱大手大脚，但是也有一份不错的收入，没有必要依赖沈飞。她跟沈飞商定：个人的衣服与喜好的CD当然是各自负担，其他日常花销共同承担。如果一方因为任何原因交不出钱，那就是欠钱，另一方可以考虑代垫，但是只要一有钱就必须马上还清。

然而这种方法看似公平，有时也未必能解决所有问题。比如夏天沈飞怕热，要彻夜地开空调，而小悠天生怕冷，还要为此加盖一层被子；又比如小悠喜欢跟小姐妹煲电话粥，每个月话费开支相当可观；再比如沈飞的电脑24小时开机，显示器耗电量惊人……这些鸡毛蒜皮的小事加起来，小两口谁都不好说什么，但有时心里也别别扭扭的。

转眼半年过去了，有一天，沈飞接到家里的电话，父母说家里要买房子，需要一笔钱。这可真让沈飞为难——家里的积蓄全部在当初结婚买房时腾空了，自己又是典型的“月光族”，现在到哪里筹钱呢？他正一筹莫展，突然想到结婚的时候，岳父母曾经给了小悠一笔不小的“嫁妆”，至今还没动过呢。于是就找小悠商量，看能不能先寄一笔钱回家。

小悠想这可不行，要是开了这个口子，那之前的AA制不就形同虚设了吗？而且，今天他父母要钱，明天自己的父母也需要钱了，怎么办？她回绝得很干脆，个人有事个人出，这是当初说好的，你的事情没有道理让我出钱！

沈飞没有想到小悠会这样说。他觉得自尊心受到了伤害。“我真的对她很失望。”沈飞说，“我试着说服自己，AA制是我们共同的决定，小悠不过是坚持原则而已。可我还是不能理解，为什么小悠会把‘我’和‘她’分得这么清楚。难道我不值得她信任吗?”

沈飞和小悠从恋爱最终走向婚姻的殿堂,这本来是一件让人羡慕和祝福的美好事情。然而,对于金钱的过分关注,他们采取了独自管理自己的收入和花销,两人之间在金钱上实行不相干预的AA制。正是这种对于金钱的态度,让他们之间产生了隔阂。试想,两个人已经成为了夫妻,但是对于钱却如此谨慎,不愿意将自己的财富与另一半分享,这样的爱怎么会没有隔阂。

可见,不管我们的感情再真挚,甚至已经走入婚姻,如果将金钱看得太重,它都会从中影响甚至破坏我们本来的幸福。同样,如果从一开始就将感情建立在金钱和地位上,由于缺乏真正的情感体验,最终也会难以维持。

可能我们会说,感情和婚姻也需要经济基础啊。没错,大家都知道,谈情说爱之前,必须要解决温饱问题。如果不能维持正常的生活,感情再深的婚姻也不可能走下去。经济基础也是婚姻稳定的基础,它对于婚姻就好比动植物离不开水、阳光、空气一样重要。但是,不要错误地理解为这样的成分越多就越好。

有人说,经济基础决定上层建筑。基础越扎实,婚姻大厦就会越高越牢固。这是一种误解。事实上,经济基础与婚姻的幸福程度并不成比例关系。经济基础只要能够满足生活需求即可。并不是经济基础越雄厚,婚姻就越幸福。生活中我们看到的很多人并不是越有钱就越幸福,很多生活水平很一般的人却比不少大佬富婆们过得开心愉快,因为他们没有金钱带来的烦恼、忧虑和那些莫名其妙的压力,抛弃对于金钱的执念,心里愉悦,婚姻自然就幸福愉快。

2.

两地分居，更要维护亲密关系

有人可能会说：“距离产生美。”没错，适当地保持一定的距离能够让彼此都有一份属于自己的空间，让彼此之间的新鲜感和激情保留得更加长久。但是，如果这种距离到达了两地分居的程度，我们就要警惕它很有可能让我们和另一半之间的关系越来越疏远。

作为外出打工的农民工，我们的妻子可能需要留在故乡照顾家人、孩子，因此很多时候我们不得不与自己的另一半形成两地分居的局面。面对这种情况，我们一定要重视去维护我们与妻子之间的亲密关系，让妻子感受到即使我们在天涯海角，这份爱也会时刻在她的身边。

这是一个饱受两地分居带来痛苦的妻子的自述：

老公是我的初恋，我们最初相处很融洽，我从心底能感觉到生活很幸福。可是，因为分居两地，我们变得越来越陌生起来。

女儿6岁那年，老公去了上海，而我和女儿留在了平顶山。从此，我们开始了两地分居的漫长生活。

刚开始，老公3个月回平顶山一次，后来半年回来一次，再后来一年有时才见一面。我渐渐体会到了什么是孤单脆弱。老公刚到上海的时候，不管多忙，每天我们都会通两三个电话。晚上等女儿睡了，我们一聊就是一个多小时。他说说他那边的工作，我说说我和女儿的生活，我们之间似乎有说不完的话。

那时他从上海1个月回来看我们一次，一回到家就帮我照看女儿，让我多休息。看着他和女儿一起玩的快乐情景，我很欣慰，心想，即使距离再远，也不能拉远我们心与心之间的距离。

没有老公在身边的日子，一切要自己去做，要一个人工作，要一个人带孩子。想说话的时候，想依靠他的时候，他却不在身边。想想他，也不容易，为了给我们创造一个更好的生活条件，他一个人在一个陌生的城市里打拼。在他需要我的时候，我也一样不在他的身边，不能为他端茶送水，在他生病的时候，我也不能照顾他。可是，看到街上别人父母、儿女、夫妻幸福地走过，我的心中很是失落，真后悔这样两地分居。

在10多年的时间里，我们的生活条件越来越好，但两个人的心却似乎越来越远了，感情越来越淡薄。从最初的每天通电话、隔一个星期打次电话，到现在的有事打电话，没事一个月打一次电话。有时候，我们在电话里还会热切地聊天，可是当老公回到身边的时候，就变生疏了，连最亲热的行为都感觉陌生，再也找不到那种曾经有的亲密感。每次他回到家，还是一样抢着干活，但是我们却像朋友一样，很客气。而且，老公大概是习惯了单身生活，和我们的生活习惯格格不入。每次回来，他晚上看电视看到很晚，那时候我和女儿已经睡下了。早上我们起来了，他还在呼呼大睡。即使他醒了，我们俩之间的话题除了女儿和工作，也很少有别的。

我觉得我们的婚姻已经进入了一种瓶颈，彼此都有这样的感觉：他是我的丈夫，我是他的妻子，这个家谁也不能缺，就算是尽义务和责任，也要维持下去，家不能散。这就是分居多年带给我的感受，很无奈。

看了这段饱尝两地分居带来痛苦的妻子的自述，我们是否能从中意识到一些事情。没错，对于两地分居的夫妻来说，可能能够通过双方的努力做到关爱、责任、信任等婚姻所必须具备的要素。然而，遥远的距离最容易阻隔的还是曾经非常亲密无间的关系。

其实夫妻之间这种亲密无间的关系是维系两个人美好感情的关键因

素之一。如果我们彼此像朋友一样相互对待，那又怎么去体现我们是彼此生命中最重要的另一半呢？

其实，当我们不得不因为外出打工而与妻子两地分居时，我们可以采用一些得当的方法来维护这种亲密关系，让我们之间的感情更加牢固，也让我们的妻子感觉到内心的温暖。

首先，我们一定要坚持常回家看看。对于分居生活，最好的事情莫过于重逢。在工作之余，我们可以尽量为自己争取回家看望妻子的机会。并且不管多久，我们都应当坚持给自己这个机会，而不是说时间长了回家的频率也就低了。要知道，作为一个女人，我们的妻子自己操劳家务得不到丈夫的体恤是一件多么悲凉的事情。她最渴望的不是你电话里的关心，而是发现你就在身边。

其次，给自己与妻子纯粹的独处时间。在我们好不容易创造出的与妻子重逢的时间里，我们还要尽量不让无关的事情打扰我们。在这来之不易的短暂时间内，我们应该放下工作，给自己一个与妻子独处的纯粹时间。在这个时间里，我们不要让任何事情影响与妻子的单独相处，利用单独相处的机会表达亲密无间的感情是再合适不过的。

最后，我们还要学会站在妻子的角度去安慰和体恤她。当我们与妻子进行沟通时，不要总是站在自己的角度，诉说自己外出打工的不易，更不要当妻子埋怨分居生活时表现出不耐烦的情绪。我们应当学会站在她的角度来思考，将她的艰难在她向你诉说之前就说出来。这样可以让我们表现得更加体贴，也让妻子觉得彼此间心的距离实际是很近的，也就是俗话说的“心有灵犀”，这也能更好地维护亲密的关系。

3. 不要让猜忌毁了亲情

对于外出打工的我们来说，我们常常要为了维护异地亲情而不断努力。由于两地分居，我们难免会彼此产生一些不放心和猜忌。但是，幸福的基础是建立在信任之上的，信任是我们与妻子之间最基本的纽带，如果失去信任，那么其他的感情也就无从谈起。

当夫妻一个外出一个留守或是面对分居打工时，由于天天不在一起，产生猜忌在所难免。然而，当我们发现自己开始猜忌、怀疑对方时，应当及时地做出适当的心理调适，克服这种猜忌心理，而在妻子出现怀疑时，我们也能够通过恰当的方法打消对方的疑虑，这样就能够维系彼此之间信任的纽带，让我们的异地亲情更加牢固。

2006年6月29日，甘肃农业大学校园内，救护车的汽笛声划破了清晨的宁静。紧接着，人们开始沸沸扬扬地传播：家属区18号家属楼发生了丈夫杀妻的惨案。

据警方介绍，当天凌晨1时许，在中国农业大学博士后流动工作站进行科研的常欣，将产后才两个月的妻子段小昱杀死在家中，“手段之残忍实属罕见”。

段小昱的家人至今无法接受女儿被杀的事实，他们向记者回忆说，6月28日晚，常、段两人还在娘家一起吃饭，并且有说有笑，并没有发生什么不愉快。“没想到第二天见到妹妹却是在医院的太平间。”段小昱的大姐哭着对记者说，被告知妹妹出事后，她迅速赶到了医院，此时，妹妹的尸体已经被送到了太平间。医生说，妹妹是因为没有及时送到医院抢救而导致失血过多休克死亡的。

常欣和段小昱均是甘肃农大教师的子弟，住在一个院子里，两家相距不过200米。两人从小青梅竹马，是初、高中同学，后来也在同一所大学里就读。谁也没有想到，如此让人羡慕的一对情侣最终却走向了万劫不复，这其实都是猜忌惹的祸。

对妻子的忠诚表示怀疑，是导致常欣丧失理智的起因。前不久，常欣从北京赶回兰州看望快要生产的妻子，不料妻子早产了40多天，他便怀疑儿子不是自己亲生的，期间便和妻子发生了口角，并产生了报复的念头。

同样，段小昱也怀疑丈夫对自己的感情。案发前一周，段小昱曾上北京探访常欣，最终也是不欢而散，负气回到兰州。原因是她怀疑丈夫对研究室里的女硕士太关心，玩笑开得太过火。

终于在一次争吵后，常欣再也承受不住猜忌心理给他带来的巨大压力，他疯狂地将内心的不满爆发出来，最终将妻子残忍地杀害在家中，自己也受到了法律的严惩。

两人从小青梅竹马，最终又走向婚姻殿堂，这是让无数人都羡慕不已的一段姻缘。可以说，两个人一起并肩走过了无数个年头，彼此应该充满了信任与默契。然而，他们却彼此猜忌，怀疑对方有出轨行为，导致猜忌心理过分膨胀，造成了严重的心理障碍，最终导致惨剧的发生。

作为外出打工的农民工，我们与妻子之间遥远的距离让这种猜忌心理更容易产生。由于长时间无法见面，难免会觉得对方是不是背着自己有外遇。但是，其实这都是心理作用，我们要明白如果对方愿意恪守这份感情，再远的距离也无法动摇。而如果对方想要放弃这份感情，即使你在身边也无力挽回。

维系一段感情最重要的并不是距离，而是彼此是否都有坚定的决心。而这坚定的决心就来源于彼此之间无条件的信任。可见，信任是两个人感情的基础，失去了基础感情也就会崩塌。我们在产生猜忌心理时，要时刻提醒自己:“那是我一生中最珍惜的人,要相信他,相信我们之间牢固的感情。”不要让猜忌将本来美满幸福的婚姻和家庭搞得支离破碎。

4. 再忙也不要放弃与家人团聚的机会

虽然我们的工作可能非常繁忙,但是每周也都有双休或者假日,我们总不会忙到一年 365 天都在工作。假如平日里人们能利用双休日或节假日更多地珍惜团聚的机会,也不再会有那般的“牵肠挂肚”。作为外出打拼的农民工,我们的家中通常有我们的父母和妻儿,守家的他们最怕孤独,也最渴望团聚,再忙也该常回家看看,少一次应酬、少一次娱乐就能给亲人捎回一次团聚。

远在天边的年轻人,同样不能成了断线的风筝,其实不是我们没有回家的机会,而是看你想家还是不想家。

也许有人会说,现在通讯便捷、网络发达,虽然平常不太回家,但经常会打电话问候,每月还会相约在网上视频。是的,便捷的通讯、神奇的网络使如今的离别少了些寂寞多了些问候,然而,再逼真的视频相见也毕竟缺乏温度,总是不如见到真人那般喜悦,因此我们还得珍惜团聚的机会。

近期,“失陪族”成为网络热议话题,新浪博客上,一条专题报道引发网友热议。典型的失陪族分为三种:无奈型失陪族、无知型失陪族和无悔型失陪族。无奈型失陪族是因生活和社会压力不得不拼命工作,赚钱养家,因俗世缠身无奈“失陪”;无知型失陪族则完全沉溺在自己的生活与世界中,打游戏、逛淘宝、网聊忙得不停，对家人却比较淡漠；无悔型失陪族过多关注经济指标使他们忽略对家人的体贴和细腻关怀。

网友“人生如梦”是一名13岁的初中生，他说：“在爸爸眼里我没加班重要，那年儿童节，幼儿园发了邀请函给爸爸妈妈，希望他们来看表演，可当天他们都挪不开身。我对奶奶嚷着说，要去超市买一个新爸爸、新妈妈回来。”

网友“夏天莫伤”将那条妈妈给她发的短信存了好多年：“你不在家，不想做饭，猫在陪我吃饼干……”

提起往事，网友“咳嗽哦的”感到内疚，他说：“女儿小学毕业典礼作为优秀毕业生代表发言，可是那天我缺席，如果还有机会再来一次，我宁可不要500万的单子，也绝不能错过这段珍贵的回忆。”

其实网络上所说的“失陪族”就是那些忽略了与家人团聚总是在忙自己的事情的人。有时我们可能会觉得，时间有的是，总会有时间去陪自己的家人，结果时间就在我们这种想法中一点点地流逝了。我们可曾想过，当我们终于忙完了工作想要回家多陪陪父母时，可能已经没有机会；当我们想到了自己的妻子、孩子时，他们已经饱尝了孤苦的滋味。

我想说，不要总以工作忙作为借口，再忙的工作也总能抽出闲暇的时间。我们不需要把所有的时间都用来陪自己的家人，只要从中抽出一部分，就能够满足他们小小的要求，让他们心里充满了温暖。

而在我们有机会团聚以后，不要再让其他的事情打扰我们。不要在团聚的时候依旧心里想着的是工作上的事情。全身心地投入到与家人的团聚中，这样家人才能深刻地感受到我们对这个家的热爱和留恋，也让我们自己可以放松心情去投入家庭的温暖怀抱。

5.

感情挫折更需要冷静处理

在我们的生活中可能会遇到挫折，在工作中也可能遇到挫折，当然在感情上也同样如此。对于作为农民工的我们来说，我们在感情上面可能没有那么多的经验和阅历，所以往往对感情非常看重、非常专一。这就让我们一旦在感情上受到挫折时，心理打击也特别巨大。

其实，对待感情挫折诸如失恋、离婚、出轨等情况，就和对待我们生活、工作上的挫折是一样的，关键是看我们如何去调整自己的心理，让自己抱有积极、乐观的情绪。

经历了一段两个月的恋爱，萍萍不但没有收获幸福，反而受到了极大的伤害，几乎到了“谈爱色变”的地步。

萍萍和他是相亲认识的，刚开始感觉还不错，她当然也比较喜欢男方，在她看来他很优秀，在交往的过程中她总是感觉自己配不上他，而家人也这么想，总是说她太没有经验，对他要多一个想法，因为他也不是本地人，家人总说他家的情况是怎么样，家人的压力让萍萍总是在他面前做错事说错话。

母亲也有时会说他对萍萍是否真心，让她不要太靠近他，他有诚意会来找她，但是他却慢慢开始疏远萍萍。直到他有一个月时间没有联系萍萍，萍萍也一直在压抑自己的感情，终于打了电话说想见他，但他说有事，改天，在极不理智的情况下萍萍提出分手。

萍萍知道因为他觉得自己在乎他，离不开他，所以总是对她不冷不热。在这之前萍萍跟他说自己帮不了他，自己很多不好的地方，其实是想让他在乎自己。但是适得其反，他却更加对萍萍若即若离。萍萍以为可以大方点儿放手，但她做不到，她后悔得让自己想死，她其实不想分手。

可能每个阶段想的事就不一样，现在萍萍回想他的一些话感觉他是在骗自己，但她又不想接受这个事实，心里难过到了极限，严重的情绪不稳定，害怕，恐惧，心慌。心理地难过让她去找过他，跟他说了一通，并且在他面前哭了，哭得是那么伤心，但他认为他们之间已经不可能了，还说根本没想过结婚，他还说结婚再离婚更是伤害，萍萍认为他这样说是怕自己再纠缠。

后来萍萍又打过两个电话让他不要对自己这样，她认为自己要求不高了，只是偶尔希望他给她打个电话，让她慢慢接受这个事实……萍萍最后一次打电话跟他说自己真的好难过，但他一点儿情面也不留直接说跟他没关系，他已经说得很清楚了。

那段时间萍萍整个人都失去了常理，吃不下睡不着。身边亲人朋友都劝她说他是在骗她的，因为在两个月里他似乎跟两个人一样，刚开始就说结婚，到后来种种都不像要跟萍萍结婚，都说分开才是两个人的幸福……

萍萍难过得几乎要崩溃了，她想如果早知道感情是这么伤人，刚开始就不该接受一段感情。

萍萍的情况就是由于感情受挫导致心理失衡，形成了比较严重的对恋爱的恐惧和焦虑。由于她的感情生活经验比较少，在面对感情上较大的挫折时，难以调整到一个正常的心态，甚至不想再去接触感情。这其实是一种非常极端、畸形的心态，要扭转这种心态，就必须要做一些适当的心理调适。

对于背井离乡的我们来说，异地恋和分居生活很可能也让我们的感情充满了危机，一不小心就有可能在感情上遇到挫折。在面对这些挫折时，我们也应当像对待生活、工作中的失败一样，学会以平静的心态去接受，鼓励自己、安慰自己，让积极的情绪引导自己走出失败的阴影。

其实面对感情挫折的痛苦，我们首先要做的并不是急着走出来，而是应该允许自己有一段时间去宣泄情绪。如果情绪不以宣泄的方式释放出来，就会转化为其他形式的能量攻击我们的身体。

对于感情挫折的宣泄，我们可以采取以下一些合理的方法：

第一，向朋友、家人倾诉内心的痛苦和悲伤。

在我们面对感情挫折时，如果将它带来的消极情绪全都憋在心里，很可能会让我们的内心承受太大的压力。有些时候我们可能羞于向自己的朋友和家人诉说感情的失败，但是这确实是一个好方法。既然已经发生，其实没必要因此而感到丢面子，谁都有经历失败的时候。勇敢地将自己内心中的苦闷和伤心表达出来，这非常有助于缓解感情挫折带来的负面心理状态。

第二，哭是一种很好的宣泄。

在面对感情挫折时，我们没必要强颜欢笑，这样不过是在欺骗自己。我们的内心对感情挫折有着最真实的体验，即使我们在行为上不表现出沮丧、伤心，内心的感受却也会带给我们这样的情绪。因此，不如去大哭一场吧，哭是宣泄悲伤情绪的一种好方法，哭过之后我们会发现心里没有那么难过了。

第三，让感情挫折升华成为前进的动力。

感情上的挫折与失败与其他方面一样，只要我们对自己进行合理的心理调适，就能让这种挫败感转化为我们前进的动力。例如，我们可以对自己说："旧的不去新的不来，一段感情的结束等于给了我们将来更多的选择空间，这段感情未必就是最好的，将来一定有更好的。"另外，我们可以认为，一段感情的结束能够让我们将精力更多地放在事业、亲情上，多去想一些工作中的事，多去陪陪自己的家人，未尝不是一件好事。

要知道，我们的大脑倾向于思念已经熟悉的事物。曾经体验过的生活比未来的生活更让我们有安全感。因此我们总是迷恋之前的那段感情，因为害怕前进，我们有意地美化过去的时刻。这是一个生物现象，但如果你想前进，失败的感情是应当被逐渐遗忘的。所以，不要活在感情挫折的阴影里，有更美好的未来在等待着我们去追寻。

6. 不要忘了对孩子的爱

当我们来到城市中为我们自己以及整个家庭的将来奋斗时，我们可曾想过自己的子女是否过得好？我们在来到城市中工作时，我们是否铭记着对远在家乡的孩子的爱。即使我们将子女带在身边一起跟随我们来到城市中，我们是否关心过他们的内心得到了多少来自我们的爱？

我们奋斗的目的无非是让自己的家庭、子女过上更好的生活，因此如果因为这样而忽略了对孩子的爱，那么岂不是违背了我们的初衷。据调查，跟随父母在城市中生活的农民工子女多在7～15岁之间，除了正常的学习，他们几乎没有课余活动，获得的关爱也非常少。

正因为这样的现状，农民工子女的心理健康十分令人担忧。他们多半存在自卑、内向、敏感、和父母之间的沟通存在困难等心理问题。这些心理问题对于孩子们心理的健康发展产生了巨大影响，很可能由于这些在青少年时期不愉快的心理体验导致他们在将来产生心理障碍和心理疾病。

小学三年级男生林某，是个可爱又活泼的孩子，他数学和英语成绩都能达到90多分，数学思维比较明（敏）锐，英语成绩也能保持95以上的优异成绩。但问题是，他的语文很糟糕，尤其是对写汉字有恐惧感。

他在学校的表现也有一些异常。上课搞小动作，不听讲，不做课堂作业，出操时大家都做操，他就站在原地东张西望，或者自己玩自己的，就是不做。午睡时，其他同学在休息，他就去弄醒同学，或者涂画黑板，造成班级扣分。他的班主任老师曾经多次请家长到学校，最近还惊动了校长请来了他的父母。

林某的父亲在外忙碌，较少在家，母亲也有一间店面需要打理，但是尽量抽时间监督他学习。家里还有个弟弟，比较霸道，常对他大吼大叫。他的父母对他要求很严格，他爸爸妈妈常斥责他，他父亲偶尔也打他。他的父母总是采用一些非常极端的教育手段来惩罚他的错误。

林某其实是个善良的孩子，他很渴望有朋友，但是他在学校却常常受欺负，甚至是被人吐口水。另外，他曾经转过学校，1—3 年级在另一个学校读书，那个学校比较重视兴趣的发展，而现在的学校却忽略了对于兴趣的培养，这让他感到很不适应。他是上学期转学到现在的学校，可是他的父母却不知道他在学校受欺负，并且难以适应变化的学习环境。他现在在家里写作业，常常是要做到 11 点多甚至 12 点。主要是语文作业花时间，写一个字休息 30 多秒，发呆或者说话。然后字体基本上是结构松散，笔画错乱。

由于林某的父母都非常忙碌，并没有对他的这种情况引起足够的重视，只是认为他不努力学习，因此常常通过打骂来教育孩子，也没有使用得当的教育方法。可是后来，他的父母发现打骂已经不起作用，而且感觉孩子有一些精神问题，总是发呆望着窗外喃喃自语："我想再要一个爸爸妈妈，这样他们可以陪在我身边。"

随后，林某的父母赶紧询问了心理医生，并让心理医生对他进行了一些调查和诊断，最终得出结论——林某由于长期被父母忽视，非常渴望得到关爱，并且由于常常受到欺负，在学习上也经常遇到挫折，他产生了嫉妒自卑的情绪，已经是轻度的自闭症表现。

林某被父母一起带到城市中生活，较大的生活压力让他的父母常常忙碌于工作，却忽略了他的内心。由于外界条件的巨大变化，他在心上积累了很多的消极情绪，但是他又没有机会跟父母沟通，最终这些消极情绪让林某幼小的心灵无法承受，形成了自闭症，自闭症也是缺少父母关爱的儿童和青少年最容易罹患的心理疾病之一，会对孩子的心理造成无法挽回的创伤。

对于作为农民工的我们，不管是将子女带在身边还是留在家乡，都会让我们的子女面临一些变化，这些变化很可能使他们幼小的内心产生一些自卑、恐惧等负面情绪。作为家长，我们不要忽略孩子的感受，多去表达对孩子的爱和关心，让他们有机会感受爱，也有机会倾诉和释放自己的消极情绪。这样可以让我们的孩子拥有一个更加健康的心理，让他们在人生的成长道路上有一个健全的内心作为帮手，少一些坎坷，多一些快乐。

既然我们希望能够用爱和关心来让我们的孩子有一个健康的心理，那么我们就需要了解，到底是什么让他们的心理承受着各种压力。其实，孩子与我们有着许多的相同之处，只是孩子的心理承受能力更加薄弱。对于他们来说，产生消极心理的最主要问题就在于“城乡差距”。

在多数成年人看来，农民工这个特定称谓在我国早已不带歧视意味，原本“少不更事”的孩子还是敏锐地感受了其中的“别有滋味”。从农村到城市，对于小孩来说，从行为方式到内心都要经历一个起落的过程。不少刚在城市就读的农民工子女，在日常行为等各方面确实有待教育去纠正。但是，他们所接触到的教育方式并不一定都是合适的。往往一个不友善的眼神、一句无意的呵责，都可能使他们脆弱、不稳定的心灵受到伤害，容易形成性格障碍。

从儿童心理发展的角度来看，歧视是对儿童最大的隐性伤害。农民工子女在城市插班到公办学校读书,或多或少的歧视让孩子对自身的贫困有了认识,自卑心理从此产生。他们因此与社会产生隔阂、对抗,甚至仇恨。

另外,城乡物质条件的差距,很可能对刚进城的孩子形成较大的心理冲击。未成年人需要借助外力才能获得自我肯定,在本能地与外界、同龄人的比较中,农民工子弟更容易陷入心理落差的困扰中。由于孩子的心理仍然不够健全,因此他们经常会选择一些不恰当的手段来表现自己,缩小这一心理落差。例如,做一些奇怪的行为,对自己的外观做夸张的塑造,甚至通过一些"惊天动地"的不良行为来引起他人的关注。

最后,作为农民工子弟,不安全感、对城市生活的不适应,缺乏父母的关心和疼爱让他们的感情更加匮乏。如果不及时疏导和治疗,可能造成他们成年后生活中的痛苦和心理上的不健全,严重的还会导致他们形成反社会人格,对社会造成潜在的危害。

可见,孩子的心理健康是多么的重要。所以,再忙我们也要抽出时间来陪陪孩子,倾听他们的心声,让他们感受到最为渴望的亲情。这种血浓于水的亲情让他们依旧相信世界的美好,以一个积极、健康的心态去迎接他们光明的未来,平稳地走过漫长的人生旅途。

附　录

1. 测测你的心理素质

测试说明:对以下 40 道题,如果感到“常常是”,画√号;“偶尔是”,画△号;“完全没有”,画×号。

(1)平时不知为什么总觉得心慌意乱,坐立不安。

(2)上床后,怎么也睡不着,即使睡着也容易惊醒。

(3)经常做噩梦,惊恐不安,早晨醒来就感到倦怠无力、焦虑烦躁。

(4)经常早醒 1～2 小时,醒后很难再入睡。

(5)学习的压力常使自己感到非常烦躁,讨厌学习。

(6)读书看报甚至在课堂上也不能专心致志,往往自己也搞不清在想什么。

(7)遇到不称心的事情便较长时间地沉默少言。

(8)感到很多事情不称心,无端发火。

(9)哪怕是一件小事情,也总是很放不开,整日思索。

(10)感到现实生活中没有什么事情能引起自己的乐趣,郁郁寡欢。

(11)老师讲概念,常常听不懂,有时懂得快忘得也快。

(12)遇到问题常常举棋不定,迟疑再三。

(13)经常与人争吵发火,过后又后悔不已。

(14)经常追悔自己做过的事,有负罪感。

(15)一遇到考试,即使有准备也紧张焦虑。

(16)一遇到挫折,便心灰意冷,丧失信心。

(17)非常害怕失败,行动前总是提心吊胆,畏首畏尾。

(18)感情脆弱,稍不顺心,就暗自流泪。

(19)自己瞧不起自己,觉得别人总在嘲笑自己。

(20)喜欢跟自己年幼或能力不如自己的人一起玩或比赛。

(21)感到没有人理解自己,烦闷时别人很难使自己高兴。

(22)发现别人在窃窃私语,便怀疑是在背后议论自己。

(23)对别人取得的成绩和荣誉常常表示怀疑,甚至嫉妒。

(24)缺乏安全感,总觉得别人要加害自己。

(25)参加春游等集体活动时,总有孤独感。

(26)害怕见陌生人,人多时说话就脸红。

(27)在黑夜行走或独自在家有恐惧感。

(28)一旦离开父母,心里就不踏实。

(29)经常怀疑自己接触的东西不干净,反复洗手或换衣服,对清洁极端注意。疑心是否锁门和可能着火,反复检查,经常躺在床上又起来确认,或刚一出门又返回检查。

(30)站在经常有人自杀的场所、悬崖边、大厦顶、阳台上,有摇摇晃晃要跳下去的感觉。

(31)对他人的疾病非常敏感,经常打听,生怕自己也身患同病。

(32)对特定的事物、交通工具(电车、公共汽车等)、尖状物及白色墙壁等稍微奇怪的东西有恐怖倾向。

(33)经常怀疑自己发育不良。

(34)一旦与异性交往就脸红心慌或想入非非。

(35)对某个异性伙伴的每一个细微行为都很注意。

(36)怀疑自己患了癌症等严重不治之症,反复看医书或去医院检查。

(37)经常无端头痛,并依赖止痛或镇静药。

(38)经常有离家出走或脱离集体的想法。

(39)感到内心痛苦无法解脱,只能自伤或自杀。

测评方法:√得2分,△得1分,×得0分。

评价参考:

(1)0～8分。心理非常健康,请你放心。

(2)9～16分。大致还属于健康的范围,但应有所注意,也可以找老师或同学聊聊。

(3)17～30分。你在心理方面有了一些障碍,应采取适当的方法进行调适,或找心理辅导老师帮助你。

(4)31～40分。是黄牌警告,有可能患了某些心理疾病,应找专门的心理医生进行检查治疗。

(5)41分以上。有较严重的心理障碍,应及时找专门的心理医生治疗。

2. 测测你的压力有多大

或许,你已经在外打工几年了,有可能觉得身心疲惫,压力过大,不胜辛苦。这个时候,可能是需要调适了。但究竟你的压力有多大?这个压力测试共50道题,请你仔细阅读每一道题目,根据自己的工作情况和真实想法选择做答。各题选“总是”计4分,选“经常”计3分,选“有时”计2分,选“很少”计1分,选“从不”计0分。

	总是	经常	有时	很少	从不
	4	3	2	1	0
(1)早上起得很早。	(　)	(　)	(　)	(　)	(　)
(2)静坐在那里什么也不干,感到很难做到这一点。	(　)	(　)	(　)	(　)	(　)
(3)会彻夜不眠地思考工作。	(　)	(　)	(　)	(　)	(　)
(4)不喜欢假日。	(　)	(　)	(　)	(　)	(　)
(5)除了工作之外,很少有其他兴趣。	(　)	(　)	(　)	(　)	(　)
(6)亲友抱怨你在工作上花的时间太多。	(　)	(　)	(　)	(　)	(　)

(7)认为自己的能力和工作成绩未被恰当地肯定。

( )( )( )( )( )

(8)朋友们抱怨很少见到你。 ( )( )( )( )( )

(9)感到难以放慢工作节奏、减轻工作负担。( )( )( )( )( )

(10)周末仍在工作。 ( )( )( )( )( )

(11)家人们期望你能给他们更多的爱与关心。

( )( )( )( )( )

(12)边吃边工作。 ( )( )( )( )( )

(13)觉得上司在极力限制你的工作,无事可干时会坐立不安。

( )( )( )( )( )

(14)即使是对充满希望的利益也缺少热情。( )( )( )( )( )

(15)夜间醒来,又继续工作。 ( )( )( )( )( )

(16)夜里仍在工作。 ( )( )( )( )( )

(17)很合群,似乎不会被什么事烦扰。 ( )( )( )( )( )

(18)感觉自己很少做对事。 ( )( )( )( )( )

(19)在被要求做不愿做的事时不能说“不”。( )( )( )( )( )

(20)感到被强迫、被欺骗、被逼入绝境。 ( )( )( )( )( )

(21)所负的责任超过了你的能力。 ( )( )( )( )( )

(22)胃口不好、失眠、头晕眼花、心跳过速。 ( )( )( )( )( )

(23)不像从前那样乐观。 ( )( )( )( )( )

(24)即使周末早上躺在床上睡懒觉,也感到很不适应。

( )( )( )( )( )

(25)喜欢看体育比赛或有趣的娱乐节目。 ( )( )( )( )( )

(26)难以把自己的想法告诉别人。 ( )( )( )( )( )

(27)在没有活动、气温不高时浑身冒汗。 ( )( )( )( )( )

(28)对工作中的许多事情感到一筹莫展。 ( )( )( )( )( )

(29)在人群中或有限的空间里惊慌不安。 ( )( )( )( )( )

(30)在工作中受到批评时很伤心。 ( )( )( )( )( )

(31)疲惫不堪,心力交瘁。 ( )( )( )( )( )

(32)每天完成工作后对成绩感到满意。 ( )( )( )( )( )

(33)没有任何生理原因就感到头晕恶心。 ( )( )( )( )( )

(34)觉得与同事间的冲突不能解决。 ( )( )( )( )( )

(35)对琐碎事情极为烦躁。 ( )( )( )( )( )

(36)必须完成的工作量超过了时间的允许量。

( )( )( )( )( )

(37)无法放松自己。 ( )( )( )( )( )

(38)对工作要求有清楚的认识。 ( )( )( )( )( )

(39)半夜或凌晨经常被惊醒。 ( )( )( )( )( )

(40)自己有足够时间处理私事。 ( )( )( )( )( )

(41)难以做决定。 ( )( )( )( )( )

(42)假如自己的事想和别人商量,能找到适合的对象。

( )( )( )( )( )

(43)充满恐惧感。 ( )( )( )( )( )

(44)感觉自己正行进在人生目标的固定轨道上。

( )( )( )( )( )

(45)对被人指责无能为力。 ( )( )( )( )( )

(46)对工作有厌倦之感。 ( )( )( )( )( )

(47)不愿会见新的人,不愿尝试新的经验。 ( )( )( )( )( )

(48)一天到晚都想着工作。 ( )( )( )( )( )

(49)很难给自己的能力和工作成绩恰当的评价。

( )( )( )( )( )

评分与解释:

90分以下:压力在你的生活中不是问题,你可以很好地调节自我,所以你的工作不会令你感到有压力,你对工作的态度是健康的。你可能十分喜爱自己所从事的工作,但你同时也有许多其他的兴趣，并不打算让工作占据你全部的生活。你是个懂得休息的人，从工作态度上讲，你难以在事业上取得成就，但你的生活会过得很充实。你适合做普通的职员、自由职业者。

91～130分：工作中你承受着中等程度的压力，这对于一个在当代快节奏的职场中终日忙碌的人来说可能是司空见惯的事情。你可能难以承受过于繁重的工作压力，那么就有必要学会调整自己，以积极开朗和顺其自然的心态适应工作中的种种变化，这样即使遇到问题，解决起来也会感到容易和轻松一些。

131～170分：工作压力对你已经是个问题，这显然需要你采取必要的措施来予以缓解。在这种压力下，工作时间越长，工作和生活中的困难就会越多，从而形成一种恶性循环。仔细考虑你的职业生涯，你是否只在从事现在的工作时才会有这样的压力？如果回答是肯定的，不妨换个工作环境，也许会缓解你的压力。

171分以上：你是个工作狂，面临的工作压力十分沉重，也许你已经不堪重负。长期处于这种状态极有可能会损害你的健康和你与亲友们的关系，许多工作狂即使事业有成也无法改变这种状况。通常你需要做出极大的努力才能放慢工作节奏，容许自己休息一下。这种人往往容易在自己所从事的领域中获得极大的成功。尽管每个人对压力的承受能力不尽相同，但无论是谁，承受能力总是有限的。因此，学会放松、学会善待自己才是明智之举和长久之计。